Instituto Tecnológico Superior de Huichapan

Ingeniería Industrial

Manual de Prácticas de

Diseño Asistido con Computadora

Compilación

Diseño e Impresión en 3D de Piezas, Utilizando el Software SOLIDWORKS.

Ing. José Antonio Valles Romero
Ing. Francisco Orozco García

Compilador

Diciembre 2015

Revisión:
Dr. L. Jonathan Torres Cortes
Profesor Investigador de la Universidad de las Américas
México

Título original de la obra:
Manual de Prácticas de
Diseño Asistido con Computadora
 Valles, Romero José Antonio
 Orozco, García Francisco

Diseño de la portada:
Susana Salas Herrera

Publicado por: McGraw-Hill open-publishing, 16 diciembre 2015
3131 RDU Centre Drive Suite 210 Morrisville, NC 27560 UNITED STATES

Publisher: John E. Biernat
Senior Editor: John Weimeister
Development Editor: Elm Street

Derechos Reservados: 2015 por McGraw-Hill open-publishing

ISBN: 978-1-329-76709-6

Queda prohibida la reproducción o transmisión total o parcial del contenido de la presente obra en cualquier forma, sean electrónicas o mecánicas, sin el consentimiento previo y por escrito del editor.

Printed in United States
Impreso por: Top Printer Plus, Diciembre 2015
Primera Edición 2015

INTRODUCCION

El entorno que rodea el mercado del diseño exige que los diseñadores adopten nuevas herramientas, para poder satisfacer las necesidades de los clientes.

El software SolidWorks de diseño asistido con computadora se convierten en una necesidad, para poder cumplir con las exigencias del mercado y cumplir con los aspectos de Cantidad, Calidad, Costo y Tiempo, que se convierten en elementos diferenciales entre las empresas actualmente.

Este tutorial, tiene como objetivo guiar al estudiante en el diseño, utilizando piezas que desarrollen habilidades en el uso de los programas e implementen herramientas de diseño a cada uno de sus usuarios.

CONTENIDO

INTRODUCCION 2
CONTENIDO 3
DETALLES DE LAS PIEZAS Y EJERCICIOS 4
INTERFASE DE DISEÑO 5
PIEZA NÚMERO 1 7
Bloque extruido 7
PIEZA NÚMERO 2 19
El cepillo 19
PIEZA NÚMERO 3 29
El timón 29
PIEZA NÚMERO 4 40
El piolet 40
PIEZA NÚMERO 5 53
La caja 53
ENSAMBLE 63
La rueda 63
PLANOS TÉCNICOS 76
COMPLEMENTOS 85
TOOLBOX (Piezas estándar) 86
COSMOS Xpress (Análisis por elementos finitos) 90
MASTERCAM 97
EL BOCETO 98
EL BLOQUE DE MATERIAL 105
El MAQUINADO 107

DETALLES DE LAS PIEZAS Y EJERCICIOS

PIEZA EJERCICIO	TEMA GENERAL	CONTENIDO
Pieza 1 Bloque Extruido.	Introducción a SolidWorks	Interfase Grafica. Unidades, planos de trabajo, Pensamiento geométrico 3D. **Boceto:** Línea, circulo, Cota, Relaciones, Rectángulo, Corte, Redondeo de Líneas, Completamente definido. **Operación:** Protucion por Extrusión.
Pieza 2 El Cepillo	Operaciones básicas:	**Boceto:** Espejo, simetría dinámica, convertir línea de boceto a referencia, offset, arreglos lineales y circulares. **Operación:** Vaciado por extrusión, Vaciado por cubierta, redondeos, chaflanes, espejo y arreglos de operación.
Pieza 3 El Cepillo	Operaciones básicas:	**Operación:** Protucion por revolución, Protucion por barrido. Vaciado por revolución. **Herramientas:** Definición de material, Medición, propiedades físicas.
Pieza 4 El Piolet	Operaciones básicas:	**Boceto:** Insertar planos. **Operación:** Protucion entre secciones, nervios.
	Operaciones básicas:	Ejercicio practico de aplicación y afianciamiento. **Herramientas:** Vista de sección.
Pieza 5 La caja	Chapa metálica:	**Operación:** Chapa base, pestañas, desahogos, sierre de aristas, desarrollo de chapa, troquelado y embutido.
Complementos El tornillo El pie de amigo	Complementos	**Herramientas:** Importar piezas estándar, Cosmos Express, formatos de exportación de archivos.
Ensamble La rueda	Ensambles	**Operación:** Insertar piezas, Relaciones de ensamble, vistas en explosivos, visualización de piezas. **Herramientas:** Detección de interferencia, simulación de movimiento básico.
Planos El soporte	Planos	**Operación:** Vistas estándar, Vista proyectada, Vista de detalle, Vista de sección, Cotas, Cambios de escala, Vista de explosivos, anotaciones. **Herramientas:** Edición de formato, BOM.
Introducción MCAM El boceto	Introducción a Master CAM	Utilización de herramientas para manufactura. Interfase grafica. Configuración inicial. **Boceto:** Línea, circulo, rectángulo, explotar líneas, offset, trim, espejo.
Operaciones El bloque de material El maquinado	Parámetros de operación	Configuración de material. Definición de operaciones. **Operación:** Planeado. Secuencia de asignación de operación: Selección de operación. Líneas Guías Parámetros de herramientas. Alturas de trabajo. Simulación de operación.
Operaciones El maquinado	Operaciones	**Operación:** Contorno, caja, taladrado. **Herramientas:** Profundidad de corte multinivel maquinado concéntrico.
	Operaciones	Ejercicio de aplicación.
Operaciones El maquinado	Importar piezas	Importar piezas desde Solid, Exportar a codigo g.

INTERFASE DE DISEÑO

Los primeros temas de este tutorial se desarrollaran en el ambiente de *pieza*, al iniciar el programa damos click en archivo nuevo y seleccione la opción *Pieza*.

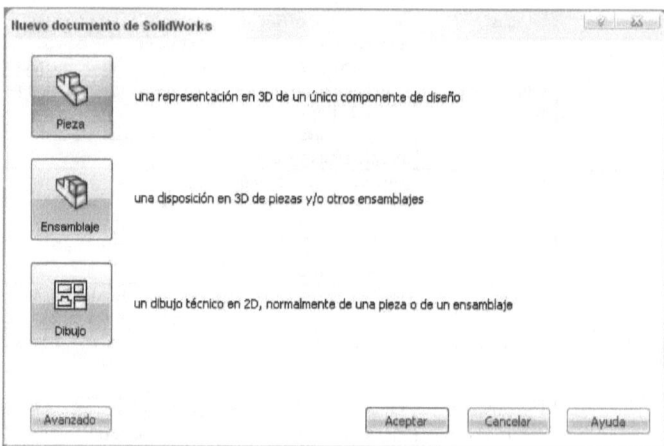

La ventana que se despliega es el ambiente estándar de diseño y será en la que se desarrollan todas las piezas individuales.

Las principales barras de herramientas que deberá activar son:

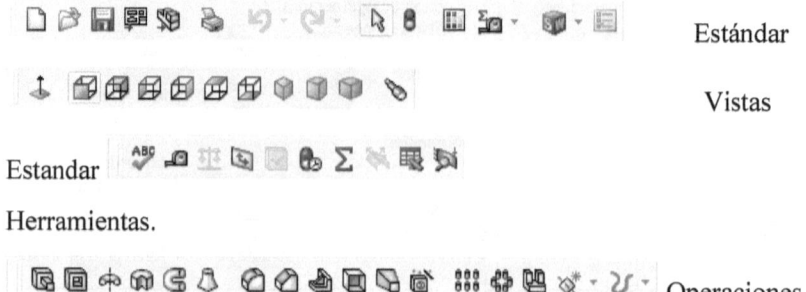

Iconos principales de dibujo

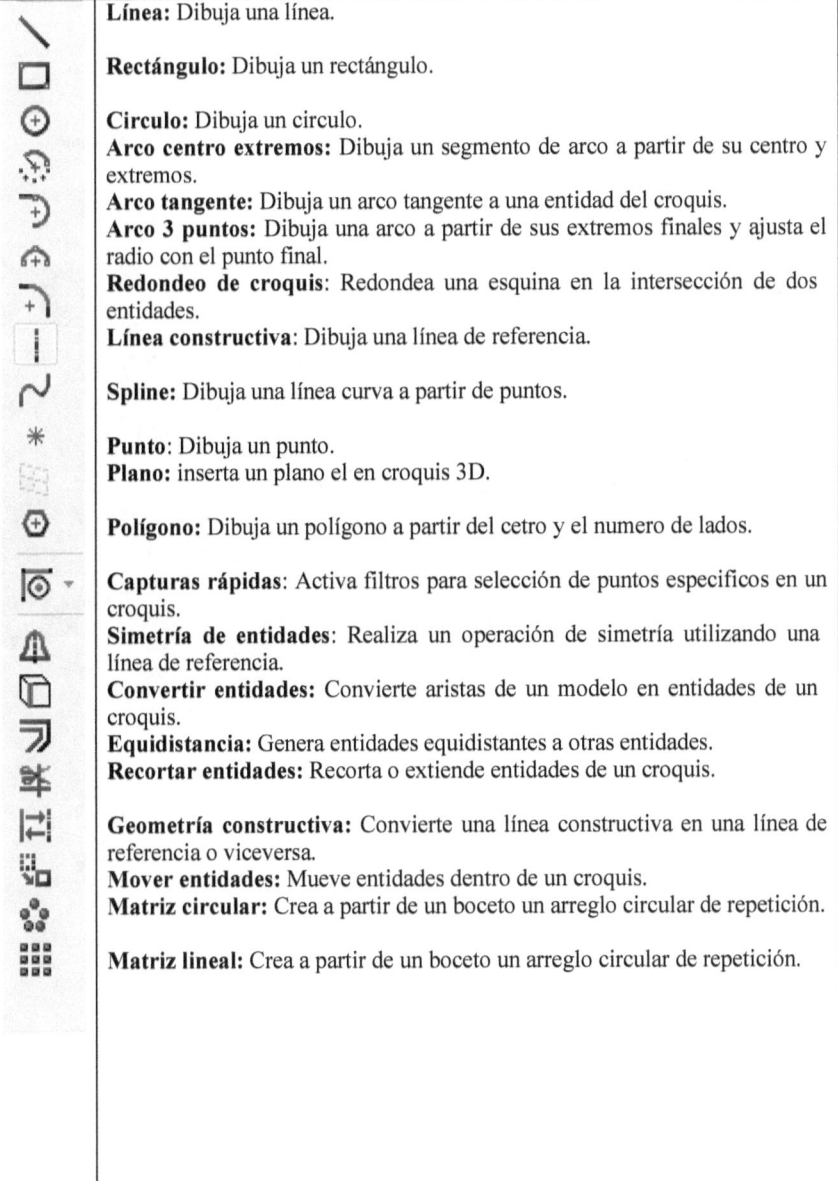

Línea: Dibuja una línea.

Rectángulo: Dibuja un rectángulo.

Circulo: Dibuja un circulo.
Arco centro extremos: Dibuja un segmento de arco a partir de su centro y extremos.
Arco tangente: Dibuja un arco tangente a una entidad del croquis.
Arco 3 puntos: Dibuja una arco a partir de sus extremos finales y ajusta el radio con el punto final.
Redondeo de croquis: Redondea una esquina en la intersección de dos entidades.
Línea constructiva: Dibuja una línea de referencia.

Spline: Dibuja una línea curva a partir de puntos.

Punto: Dibuja un punto.
Plano: inserta un plano el en croquis 3D.

Polígono: Dibuja un polígono a partir del cetro y el numero de lados.

Capturas rápidas: Activa filtros para selección de puntos especificos en un croquis.
Simetría de entidades: Realiza un operación de simetría utilizando una línea de referencia.
Convertir entidades: Convierte aristas de un modelo en entidades de un croquis.
Equidistancia: Genera entidades equidistantes a otras entidades.
Recortar entidades: Recorta o extiende entidades de un croquis.

Geometría constructiva: Convierte una línea constructiva en una línea de referencia o viceversa.
Mover entidades: Mueve entidades dentro de un croquis.
Matriz circular: Crea a partir de un boceto un arreglo circular de repetición.

Matriz lineal: Crea a partir de un boceto un arreglo circular de repetición.

PIEZA NÚMERO 1

Bloque extruido

En esta se trabajaran los conceptos de:

Unidades, planos de trabajo, pensamiento geométrico 3D.
Boceto: Línea, circulo, Cota, Relaciones, Rectángulo, Corte, Redondeo de Líneas, Completamente definido.
Operación: Extrusión.

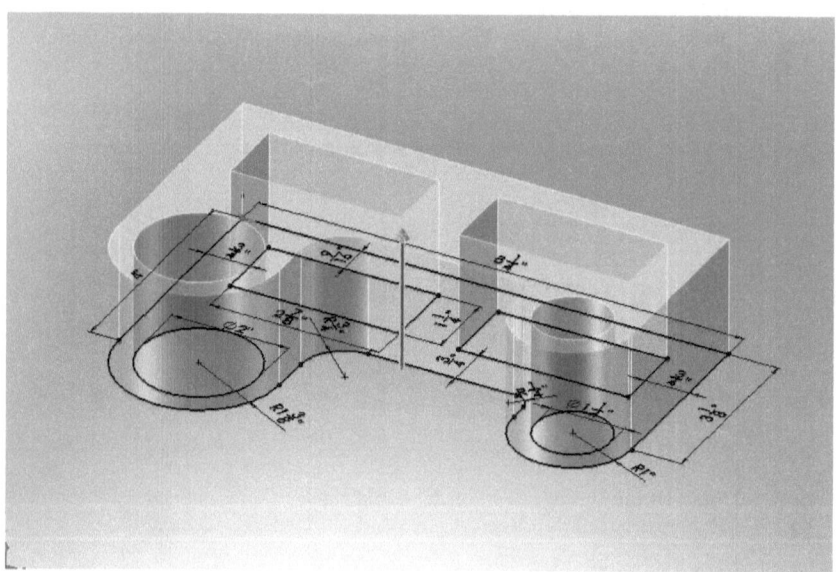

Bloque Extruido

Dependiendo de la pieza se deberán definir las unidades de trabajo del documento.

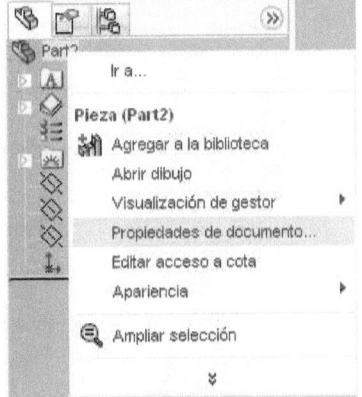

Sobre el árbol de diseño de clik derecho sobre el icono y seleccione propiedades del documento.

Dentro del menú que se despliega se podrán variar las propiedades principales del documento.

Para este caso se deberá editar las unidades de diseño del documento.

La pieza se trabajara en fracciones de pulgada y con un denominador de 1/16.

Se deberá activar la opción de redondear a la fracción más cercana.

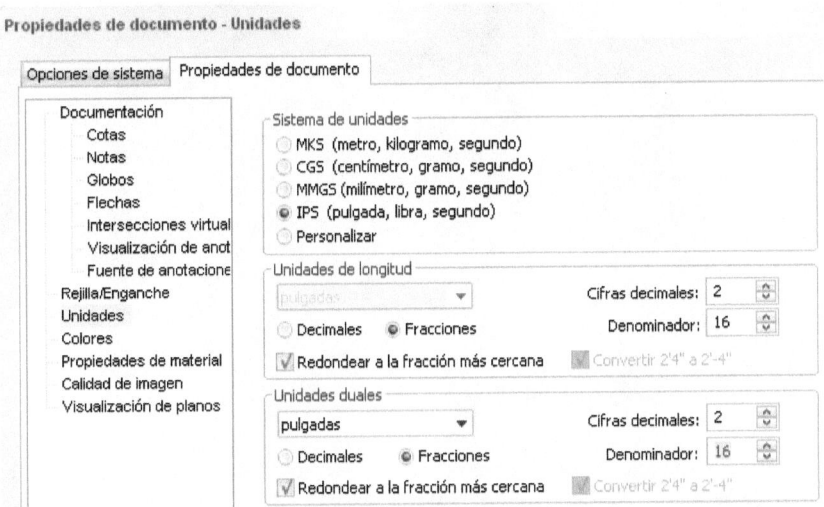

Configurando todo lo que se requiera para trabajar la pieza de clik en el botón aceptar.

9

Todas las piezas que se crean en SolidWorks tienen un principio básico, el paso inicial es seleccionar un plano de trabajo sobre el cual se dibuja el croquis que se convertirá en un solidó utilizando una operación como extrusión o por revolución.

Utilizando el comando de vista isométrica y seleccionada en el árbol de diseño el plano que se quiera trabajar, este aparece seleccionado en color verde.

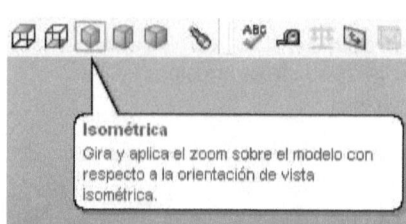 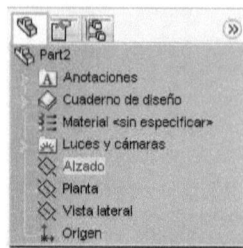

Seleccione el plano de trabajo según la forma de la figura, una buena elección del plano de trabajo facilitara posteriores operaciones.

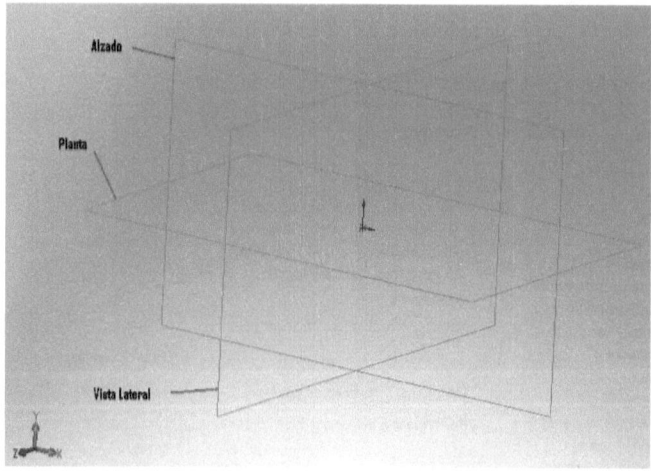

Teniendo el plano seleccionado active la opción de croquis que aparecerá en la barra de Croquis. Con esto se activaran los demás comandos de la barra croquis.

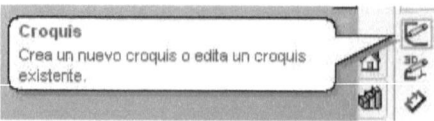

1

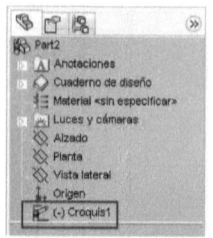

Para esta pieza seleccione el plano de planta para realizar el croquis que posteriormente se utilizara para crear la extrusión.

Al activar el croquis en el árbol de diseño aparecerá un icono que indica que se esta trabajando en el croquis 1.

Utilice el comando de línea que aparece en la barra de croquis para dibujar una línea que inicie en el origen y se extienda hacia la derecha.

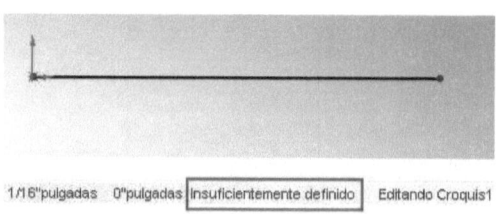

En la parte inferior de la pantalla de diseño se indicara el estado de la línea con respecto a sus grados de libertad.

En este caso el croquis esta insuficientemente definido debido a que falta acotar su longitud.

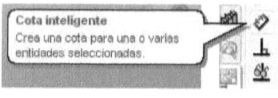

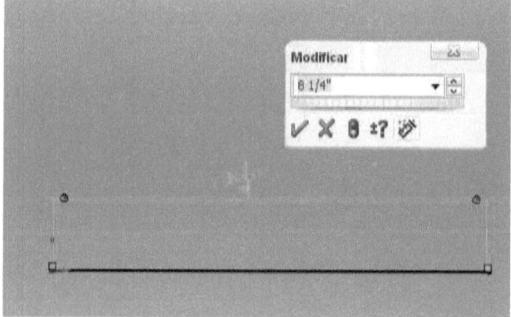

Utilice el comando cota inteligente para definir la longitud de la línea.

Seleccione primero el comando, después la línea y por ultimo digite la longitud de 8 ¼".

El croquis deberá aparecer ahora como completamente definido.

Dibuje dos líneas verticales, una que parta del extremo derecho de la línea horizontal tenga una longitud de 3 1/8" y se extienda hacia abajo y otra que parta del extremo izquierdo de la línea horizontal tenga una longitud de 4" y se extienda hacia abajo. Acote todas las entidades para mantener el croquis completamente definido.

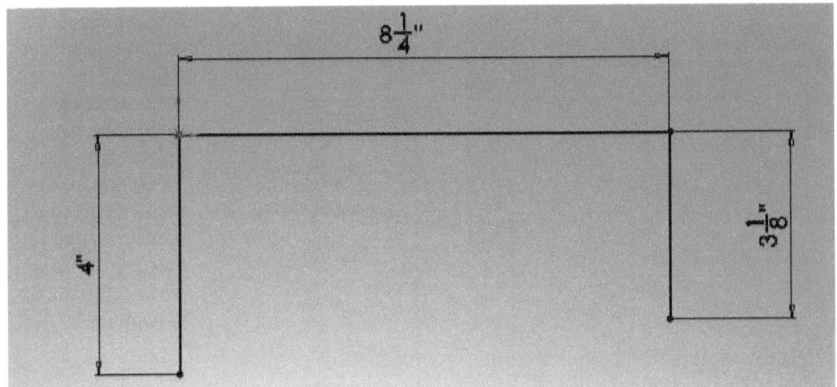

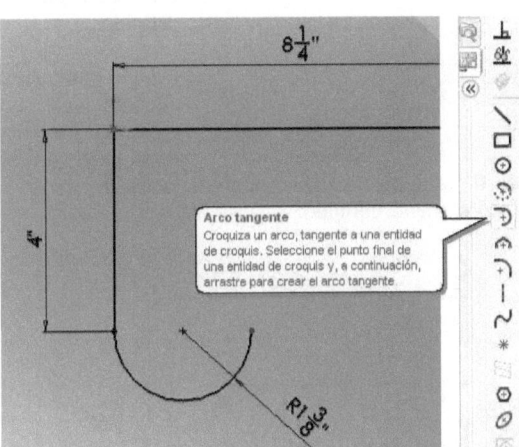

Seleccione el comando arco tangente para dibujar media circunferencia con un radio de 1 3/8", primero seleccione el comando arco tangente, pique el extremo inferior de la línea de 4", mueva el cursor hacia la derecha de la línea y ubíquelo en una posición similar a la mostrada.

Utilice el comando de cota inteligente para darle el radio deseado.

El croquis aparecerá como insuficientemente definido por que la longitud del arco de la circunferencia no esta definida. El paso siguiente será establecer una relación de horizontalidad entre el extremo inicial y el final de la circunferencia para determinar que esta será un medio circulo.

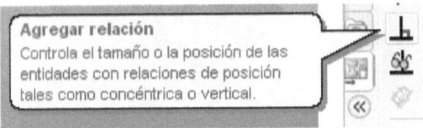

Utilice el comando de agregar relación para definir completamente la circunferencia.

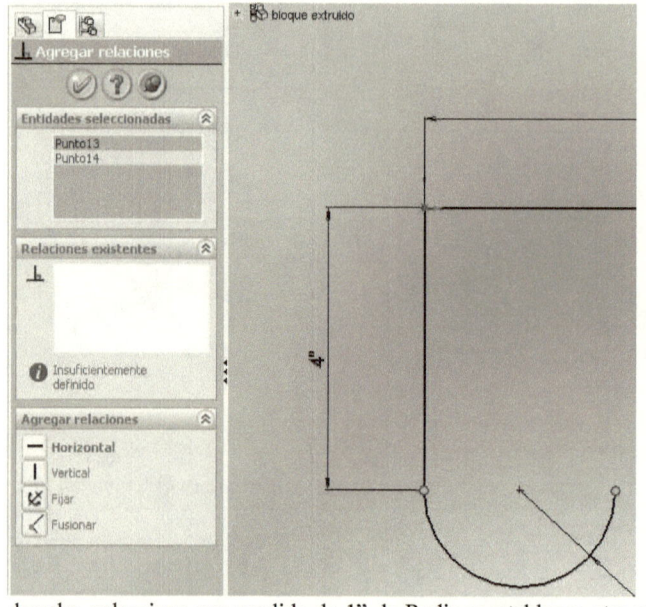

Seleccione el extremo final y el inicial de la circunferencia y seleccione la opción de horizontal en el menu de agregar relaciones que se desplega en la parte izquierda de la pantalla.

El croquis debe quedar completamente definido.

Dibuje otra media circunferencia en el extremo inferior de la línea vertical derecha, seleccione una medida de 1" de Radio y establezca otra relación de horizontal para dejar el croquis completamente definido.

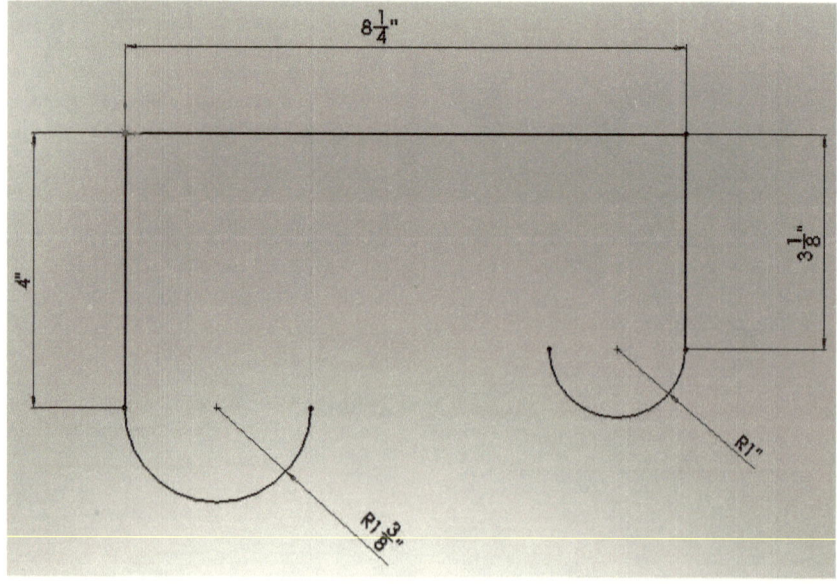

12

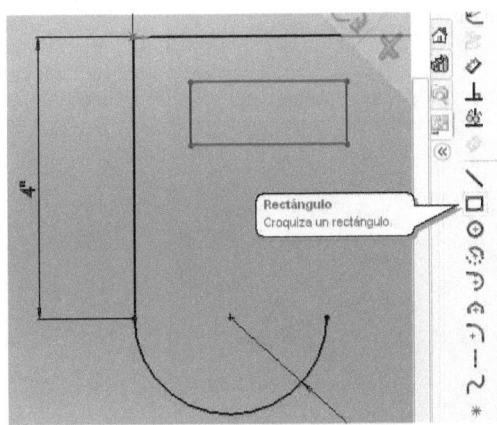

Utilice el comando de rectángulo para dibujar un rectángulo ubicado y con las proporciones que aparecen en el esquema.

Acote el rectángulo con 2 7/8" y 1 ¼" de altura. Ubíquelo a ¾" del extremo derecho de la figura y a 9/16" del extremo superior.

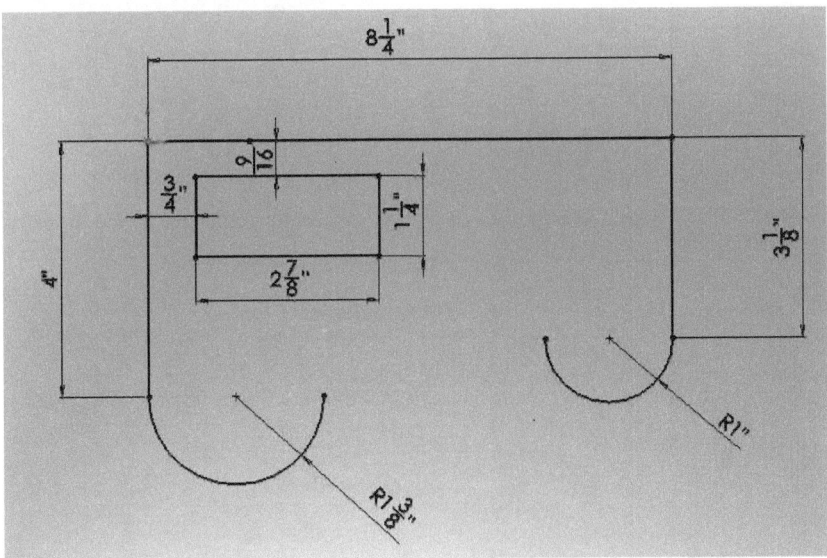

Dibuje otro rectángulo al lado derecho del anterior. Para establecer una relación de igualdad entre la longitud y el alto del rectángulo utilice el comando agregar relación seleccione el lado superior del primero y el lado superior del segundo, seleccione la opción de igualdad en el menú de agregar relación.

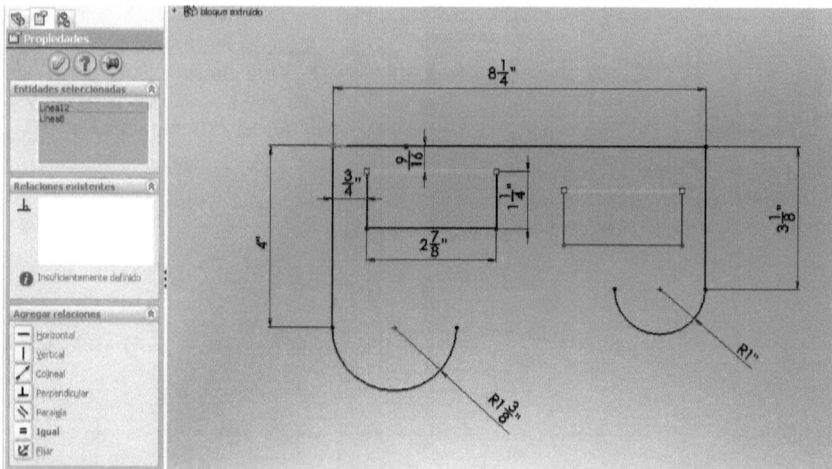

Realice el mismo procedimiento para establecer un relación de igualdad entre los lados verticales de los dos rectángulos.

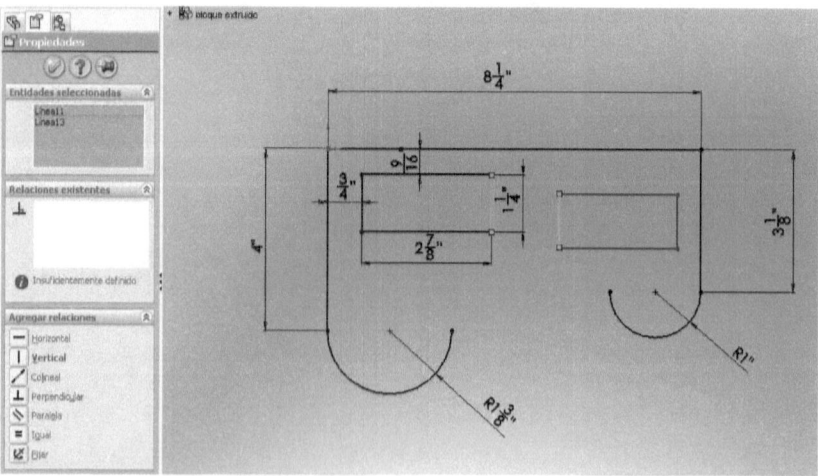

14

Seleccione las dos líneas superiores de los dos rectángulos y establezca una relación de colinealidad.

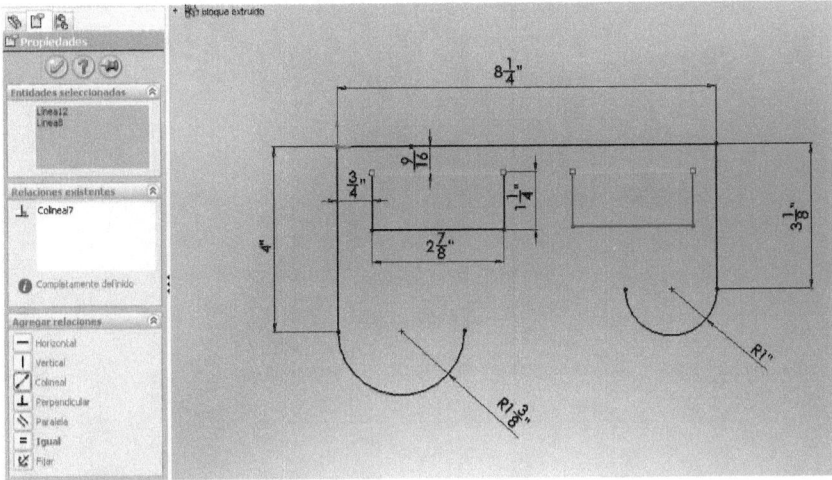

Para terminar de definir el nuevo rectángulo acótelo a ¾" del borde derecho de la figura.

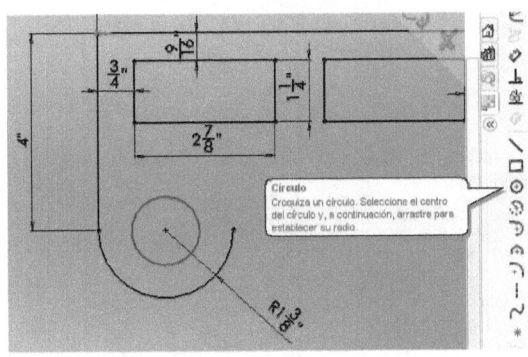

Utilice el comando de dibujar circulo para crear un circulo que tenga como origen el centro de la media circunferencia izquierda, acótelo con un diámetro de 2".

Dibuje otro circulo concéntrico a la media circunferencia derecha y acótelo a 1 ¼".

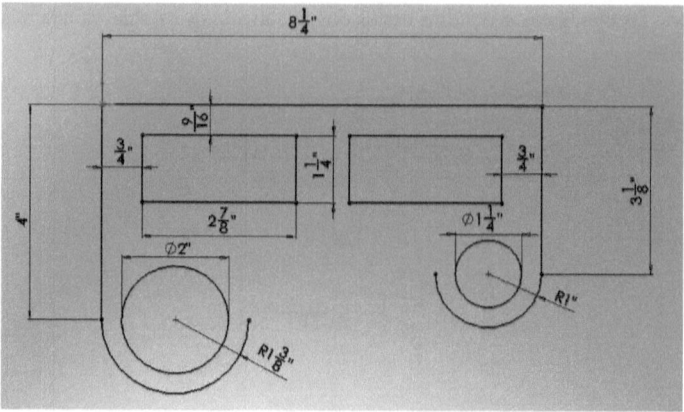

Trace las tres siguientes líneas que se muestran a continuación.

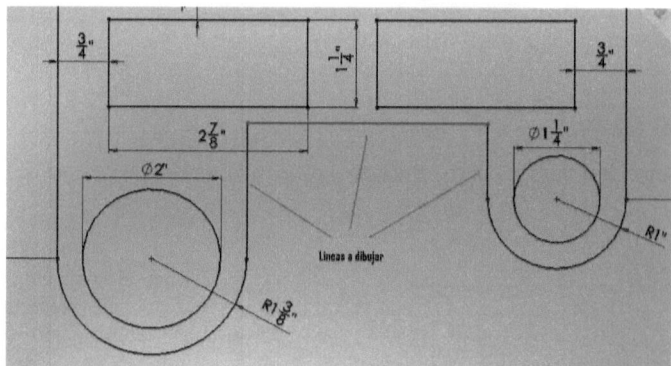

Acote la nueva línea horizontal con uno de los lados inferiores de una de los dos rectángulos establezca una medida de ¾".

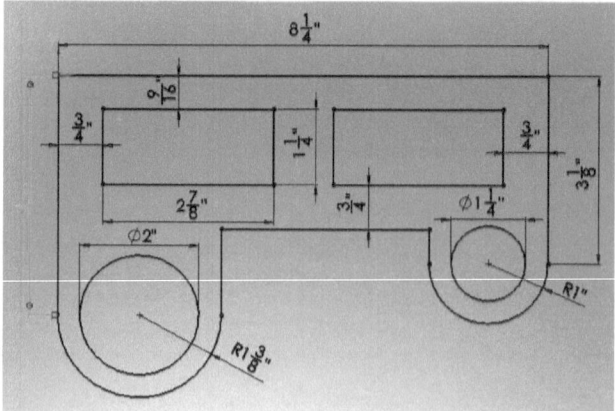

Para terminar el boceto se realizara un redondeo en las esquinas generadas por las ultimas tres líneas.

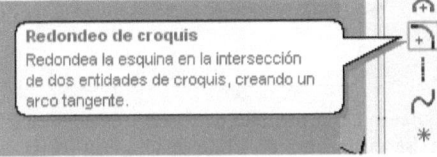

Utilice el comando de redondeo de croquis, en el menú que se despliega en la parte izquierda de la pantalla determine un valos de ¾" como radio de redondeo.

Seleccione las dos líneas que generar la arista izquierda y confirme el redondeo con el comando aceptar.

Realice el otro redondeo pero cambiando el valor a ¼".

El resultado final del boceto deberá ser el siguiente.

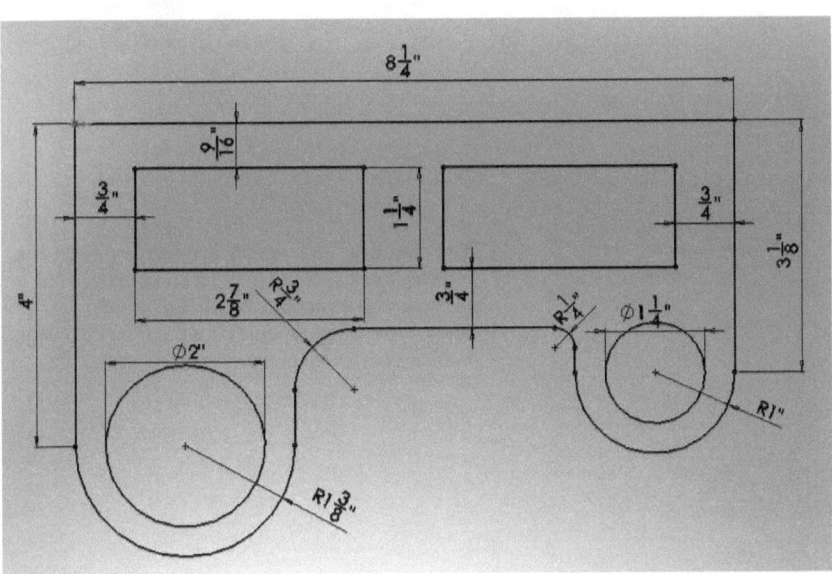

Para terminar la pieza se deberá generar el solidó a partir de una operación de protucion por extrusión.

Teniendo activo el croquis, seleccione el comando extruir saliente base.

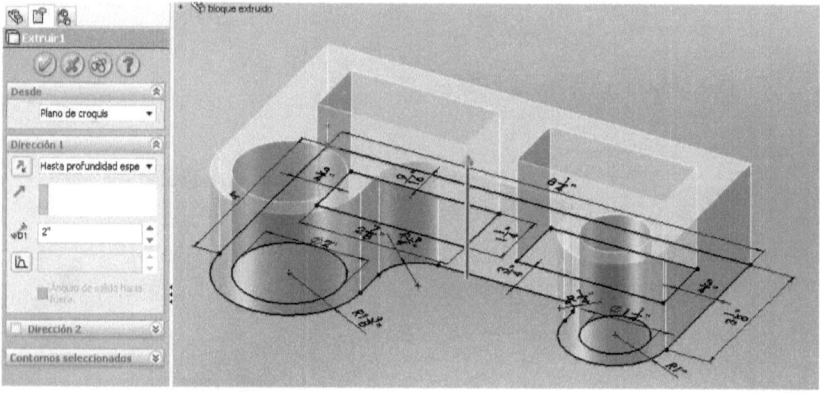

Se desplegara un menú en el extremo izquierdo de la pantalla de diseño, establezca 2" en el parámetro de distancia de extrusión. Se visualizara el solidó generado a partir de croquis dibujado.

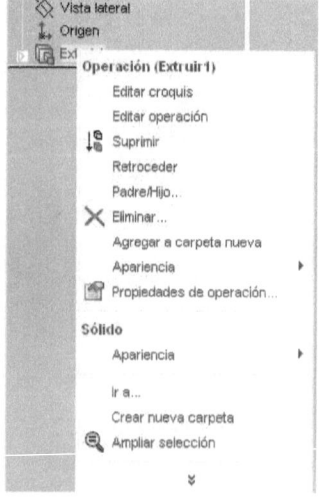

Para modificar el croquis o la operación haga clik derecho sobre el icono de operación (extrusión) que se acaba de generar el árbol de diseño Seleccione editar croquis para modificar el croquis o editar operación para modificar la operación.

PIEZA NÚMERO 2

El cepillo

En esta se trabajaran los conceptos de:

Boceto: Simetría de entidades, simetría dinámica, convertir línea de boceto a referencia, equidistancia, arreglos lineales y circulares.
Operación: Vaciado por extrusión, Vaciado por cubierta, redondeos, chaflanes, espejo y arreglos de operación.

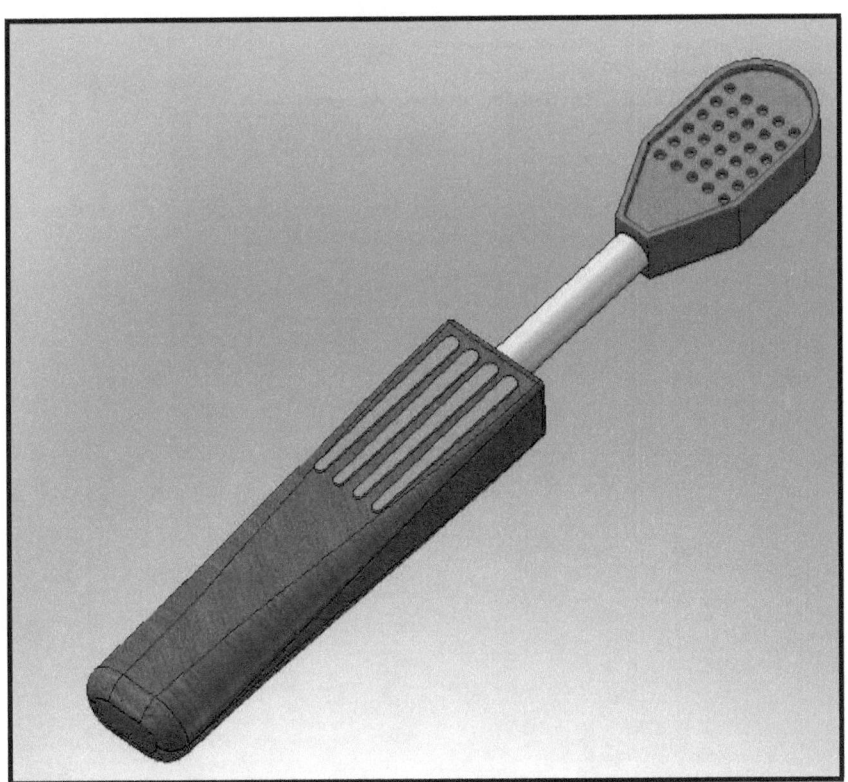

El cepillo

Dibuje un rectángulo de 45 X 30 sobre el plano Vista lateral. Para centrar el rectángulo con respecto al origen deberá establecer referencias entre los puntos medios de una de las líneas verticales y el origen, y entre una de las líneas horizontales y el origen.

TRUCO: Para establecer relaciones podrá utilizar el icono o seleccionar las entidades manteniendo presionada la tecla CTRL.

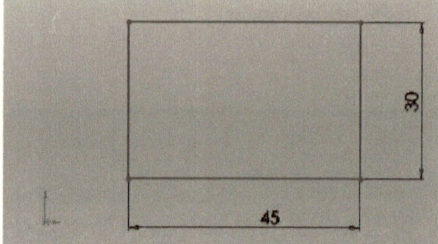

Para este boceto deberá dar clik derecho sobre la línea vertical derecha y seleccionar la opción, *Seleccionar punto medio*, luego mantener presionada la tecla CTRL y hacer clik sobre el origen, se desplegara la ventada de establecer relación y se asignara una posición de horizontal entre los dos puntos.

Realice este mismo procedimiento con una de las líneas horizontales del boceto y el origen pero establezca en este caso una relación de verticalidad.

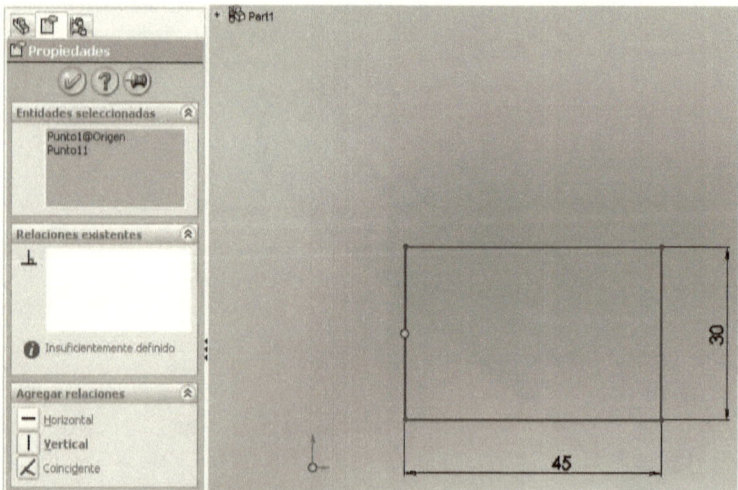

Todas las líneas del boceto deberán quedar en color negro indicando que se encuentran completamente definido.

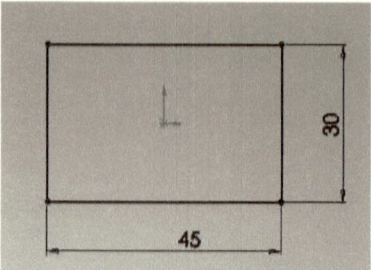

Utilizando este boceto realice una extrusión de 200mm. Esta será el mango del cepillo.

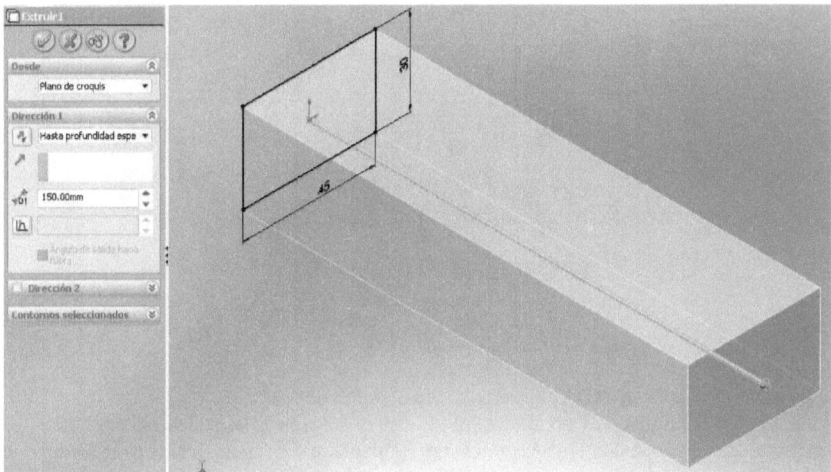

Seleccione la cara de 45 X 30 más alejada del origen y active sobre esta un nuevo croquis utilizando el icono .

Una vez a seleccionado la cara deberá pasar a la vista **normal a**, la cual encontrara en el menú de vistas estándar.

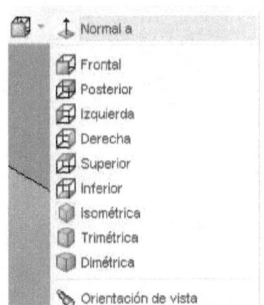

Dibuje un círculo de 15mm centrado en esa cara y con este genere un extrusión de 70 para obtener el cilindro que unirá la cabeza del cepillo con el mango.

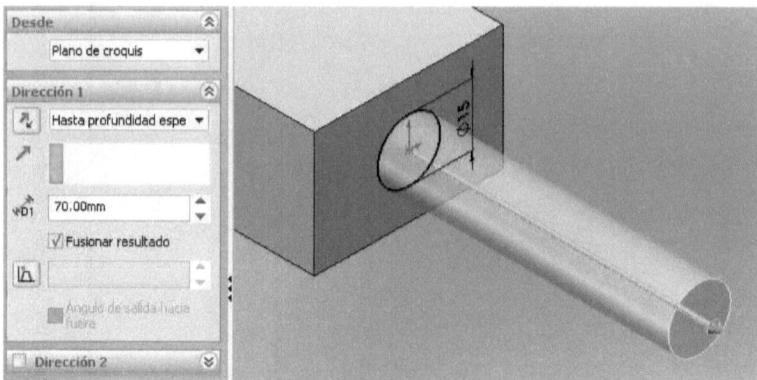

Para generar la cabeza del cepillo seleccione el plano de planta.
Una vez a seleccionado el plano deberá pasar a la vista **normal a**, la cual encontrara en el menú de vistas estándar. Active sobre este plano un nuevo croquis utilizando el icono .

De click en el comando convertir entidades para hacer que la arista del cilindro que acaba de construir se convierta en una arista de referencia para la construcción de la cabeza del cepillo.

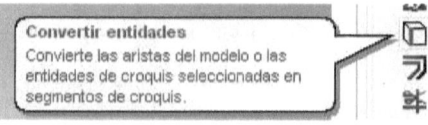

Para dibujar este boceto parta de crear un línea de construcción horizontal que parta del centro de la línea que acaba de crear y se aleje del cuerpo del cepillo.

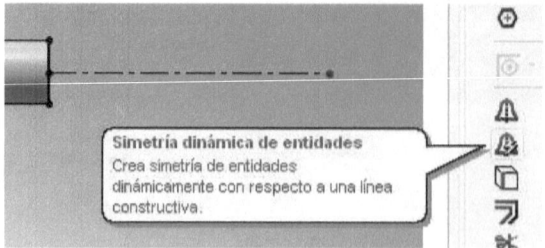

TRUCO: Utilice el comando de simetría dinámica de entidades para hacer que todo lo que dibuje a un lado de la línea de referencia se refleje automáticamente al otro lado.

22

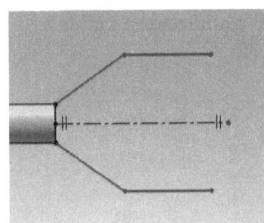 Utilice el comando **arco tangente** para cerrar la cabeza del cepillo. Acote todas las entidades de tal forma que el boceto quede totalmente definido.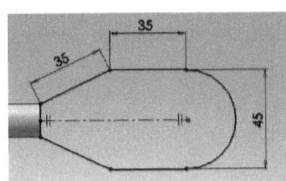

Utilice este boceto para generar una extrusión de 20mm, active la opción de plano medio en la ventana de dirección para lograr que el sólido se cree repartido con respecto al plano donde fue dibujado su boceto.

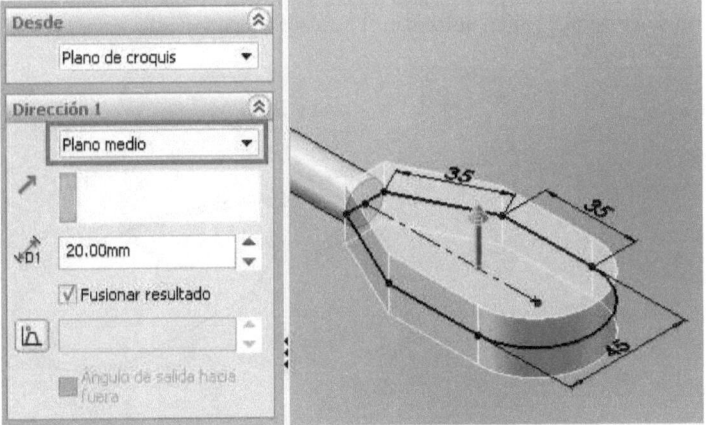

Una vez creada la cabeza del cepillo seleccione la cara superior de la misma para crear sobre esta un nuevo boceto.
Seleccione todas las aristas del plano superior de la cabeza del cepillo para convertirlas en parte del nuevo croquis.

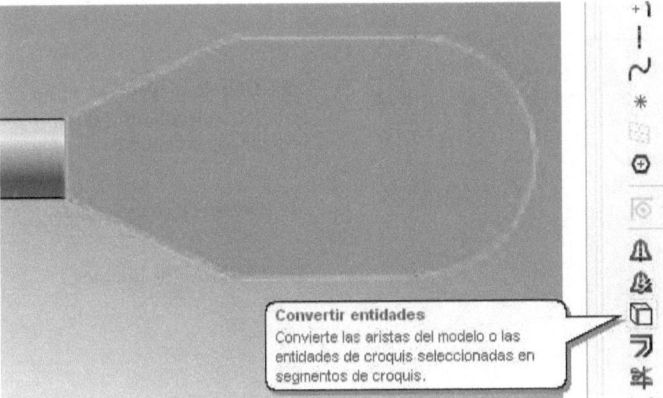

Con las aristas como parte del croquis utilice el comando de equidistancia entidades para generar un juego de líneas que será paralelo al ya existente.

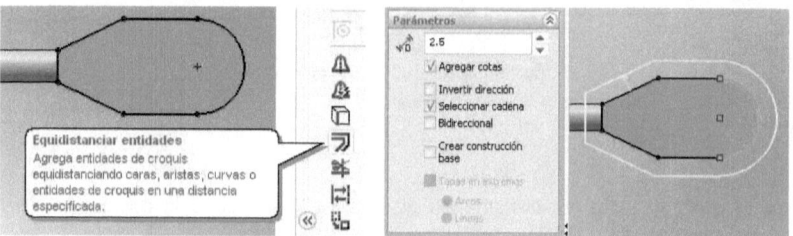

De una distancia de 2.5mm en los parámetros de la equidistancia y pique el interior de la cabeza para indicar la dirección hacia la cual se crearan las nuevas líneas del croquis. Genere una extrusión de 3mm utilizando el nuevo croquis.

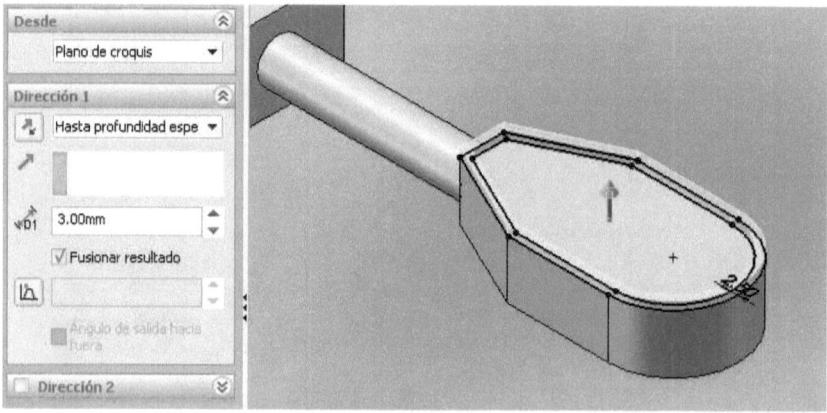

El siguiente paso será crear los agujeros donde se colocarían las cerdas del cepillo, para esto seleccione la cara superior de la cabeza del cepillo y active un nuevo croquis.

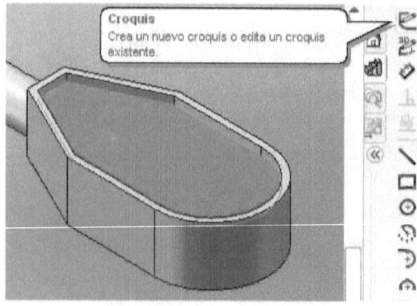

TRUCO: Para generar croquis que sean arreglos circulares o lineales podrá utilizar los comandos:

⋯ Para arreglos circulares.

⋮⋮⋮ Para arreglos lineales.

Dibuje un círculo sobre el plano seleccionado y establezca una relación de verticalidad entre el centro del círculo y el vértice que se forma en el extremo superior de la cabeza del cepillo.

Acote el círculo para darle un diámetro de 4mm y un distancia de 5mm con el vértice que se forma en el extremo superior de la cabeza del cepillo.

Esto hará que el círculo quede totalmente definido.

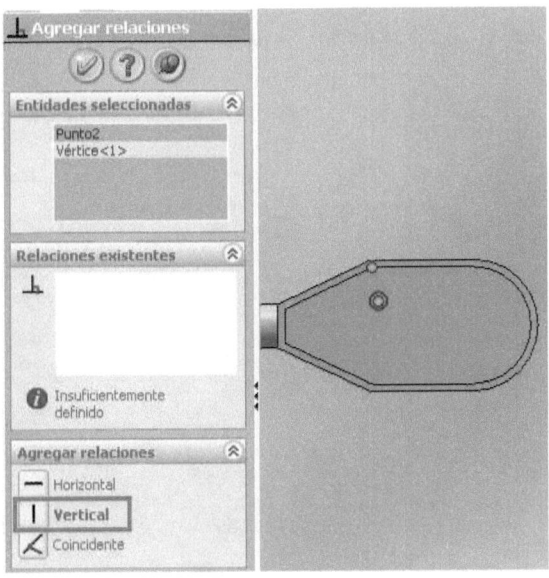

Utilice el comando de *matriz lineal de croquis* para generar el arreglo de todos los demás agujeros.

Para la dirección 1
utilice la arista vertical que forma la cabeza del cepillo con el cilindro que la une al cuerpo, seleccione un separación de 7.5mm
y establezca 5 copias.

Para la dirección 2
utilice la arista horizontal superior que forma la cabeza del cepillo, seleccione un separación de 7.5mm y establezca 6 copias.

Como entidades para la matriz
seleccione el círculo inicial que dibujo y acoto.

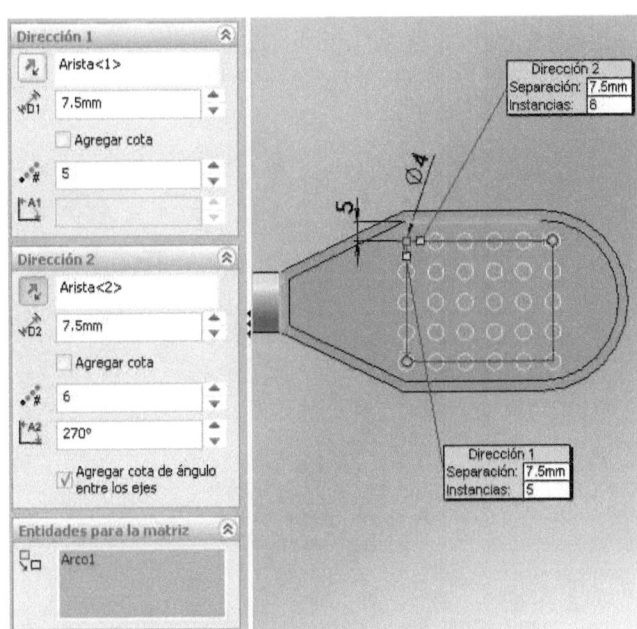

25

Utilice el comando *extruir corte* para generar la profundidad de 3mm en la matriz de agujeros.

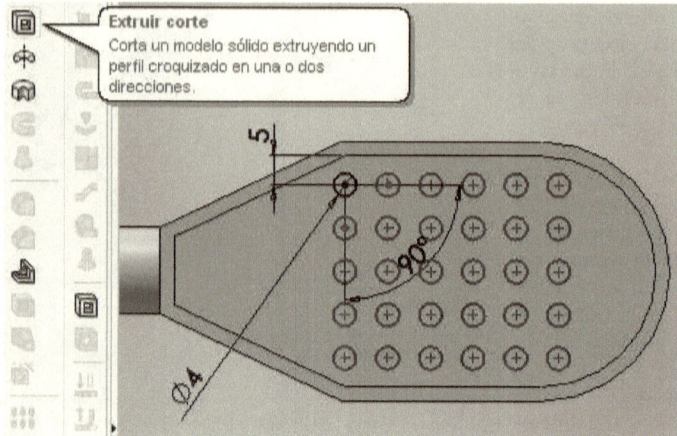

Estos agujeros serán las cavidades para los conjuntos de cerdas que formarían la cabeza del cepillo.

Las siguientes operaciones formaran el labrado del cuerpo para facilitar su utilización. Para esto seleccione la cara superior del cuerpo del cepillo y active un nuevo croquis.

Dibuje el siguiente boceto haciendo que todas sus entidades queden completamente definidas. Utilice todas las relaciones necesarias para restringir todos grados de libertad de las entidades del croquis.

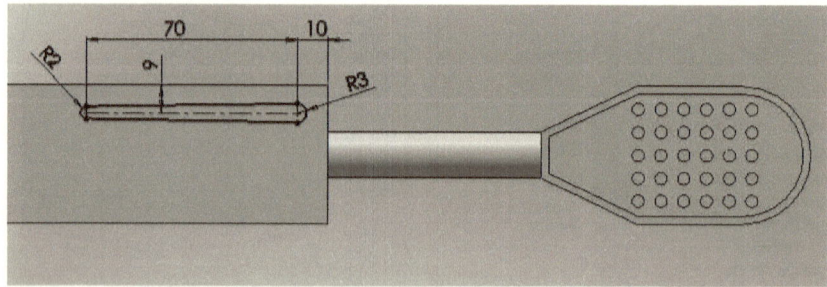

TRUCO: Así como utilizo el comando matriz lineal de croquis para generar un arreglo lineal de entidades dentro del croquis puede utilizar el comando Matriz lineal o Matriz circular o Simetría para insertar nuevos patrones de las operaciones creadas.

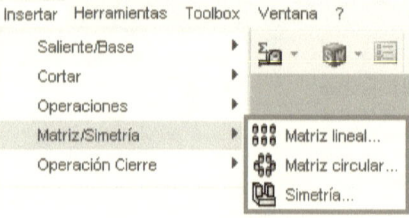

Utilizando la matriz lineal de operaciones genere un patrón de 4 repeticiones separadas 9 mm y utilizando como dirección la arista vertical que se forma en el extremo derecho del cuerpo.

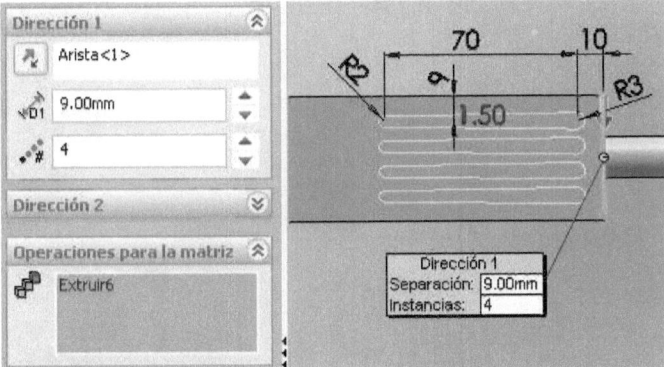

Para generar una forma más agradable en el mango del cepillo se utilizará el comando de *redondeo*. Utilice la opción de redondeo variable para generar un cambio de radio de redondeo. Seleccione las cuatro aristas laterales del cuerpo del cepillo y establezca un radio de 2mm para los puntos más próximos a la cabeza del cepillo y de 15mm para los más distantes.

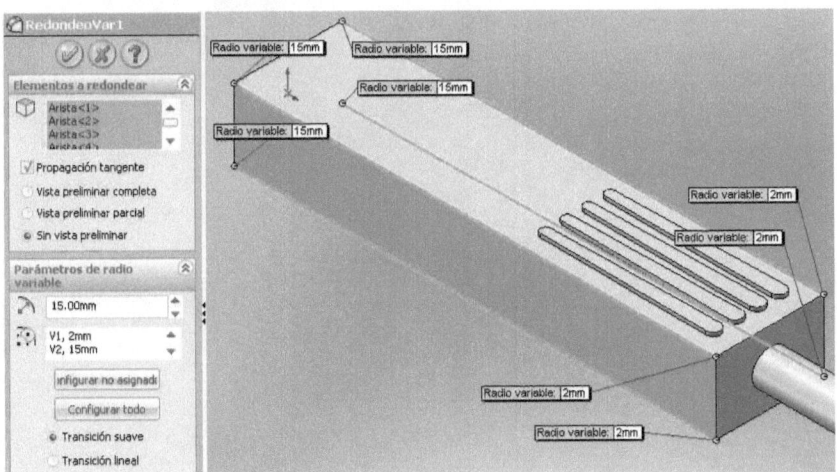

Seleccione la arista inferior del cepillo para realizar otra operación de redondeo, en este caso con un radio 8mm constante de y con la opción de propagar por la tangente.

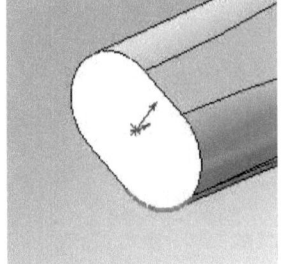

Para terminar el modelo seleccione la cara donde dibujo inicialmente el circulo que formo el cuello del cepillo y seleccione el icono de redondeo de nuevo y active ahora un redondeo de cara con un radio de 3mm.

Esta operación hará un redondeo de todas las aristas que se relacionan con la cara seleccionada.

La apariencia final del cepillo será la siguiente.

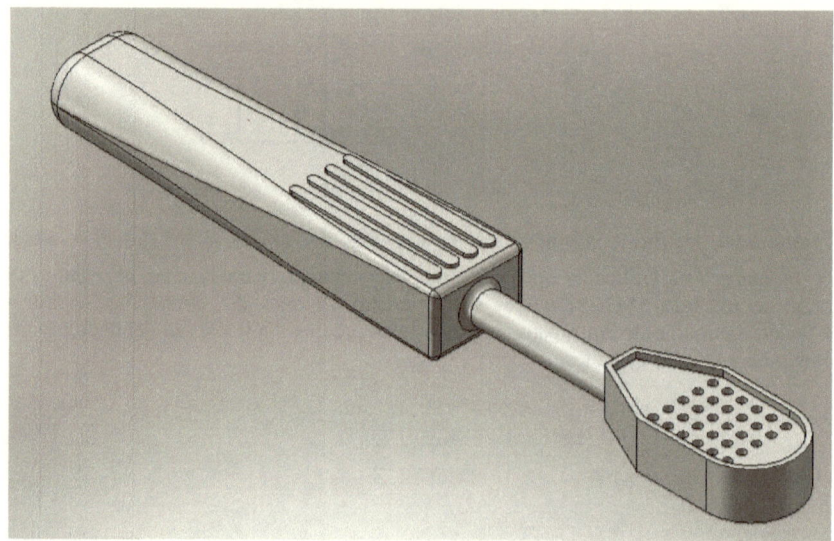

PIEZA NÚMERO 3

El timón

En esta se trabajaran los conceptos de:

Operación: por revolución, por barrido. Vaciado por revolución.
Herramientas: Definición de material, Medición, propiedades físicas.

NOTA: Para este ejercicio será de gran importancia el manejo adecuado de los planos.

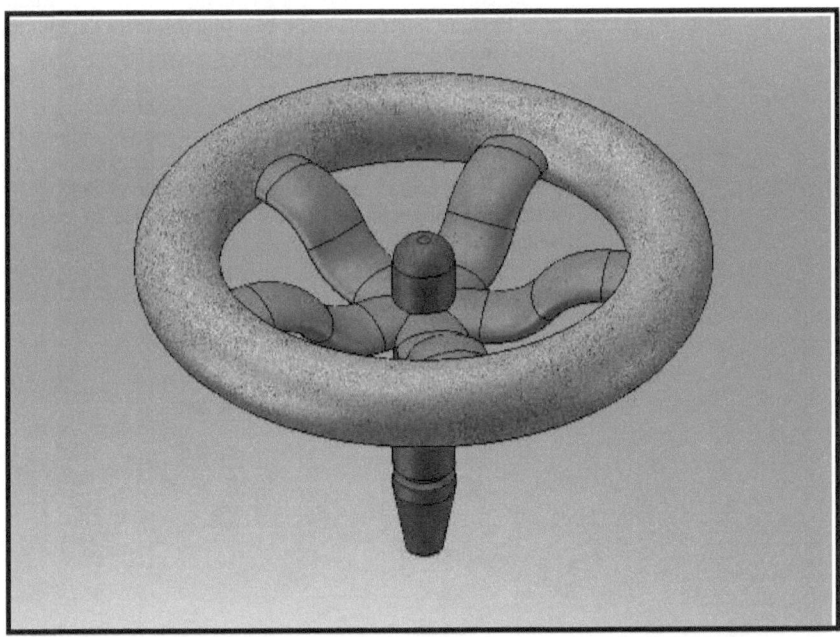

El timón

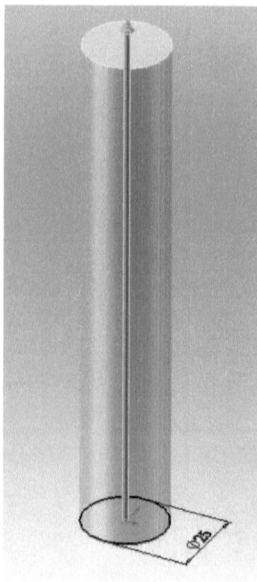

Para iniciar con esta pieza se deberá dibujar un circulo de 25mm de diámetro sobre el plano de planta y generar una extrusión de 150mm, el circulo deberá estar centrado sobre el origen para de pues poder usar este como referencia para operaciones posteriores.

Hecha esta operación seleccione el plano de Alzado para dibujar una línea de referencia que salga del origen y sea paralela al vector director de la operación de extrusión anterior.

Dibuje un círculo de 35mm de diámetro y a 140mm de altura con respecto al origen. Acote la distancia del circulo a la línea de referencia indicando una distancia de 200mm como muestra el siguiente grafico.

TRUCO: Para piezas generadas por revolución puede ser muy útil acotar el diámetro de la figura y no el radio, para esto al realizar el proceso de acotado seleccione las dos entidades a acotar, pero desplace el cursor al lado de la línea de referencia en el cual se despliegue la cota de diámetro.

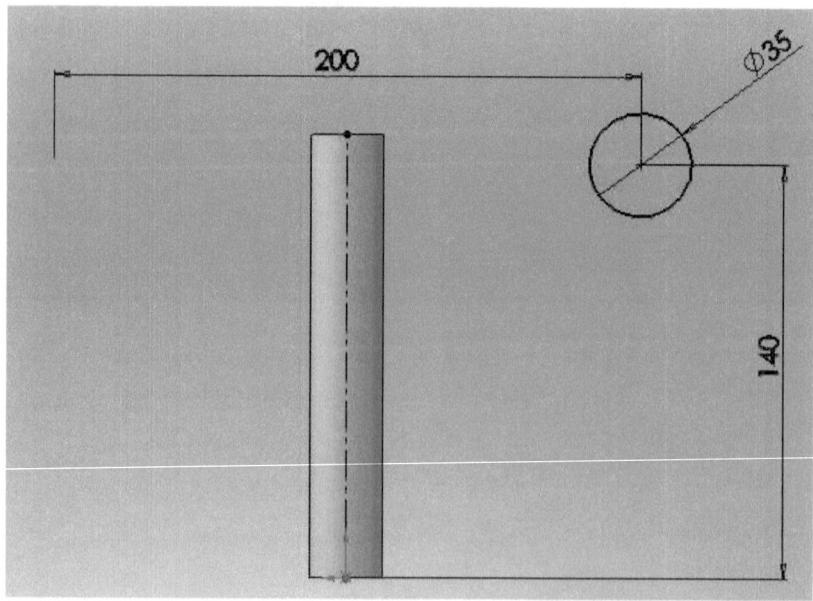

Utilice la operación ⊕ ***Revolución de saliente /base*** para generar un sólido de revolución utilizando como eje la línea de referencia y como contorno de operación el circulo de 35mm.

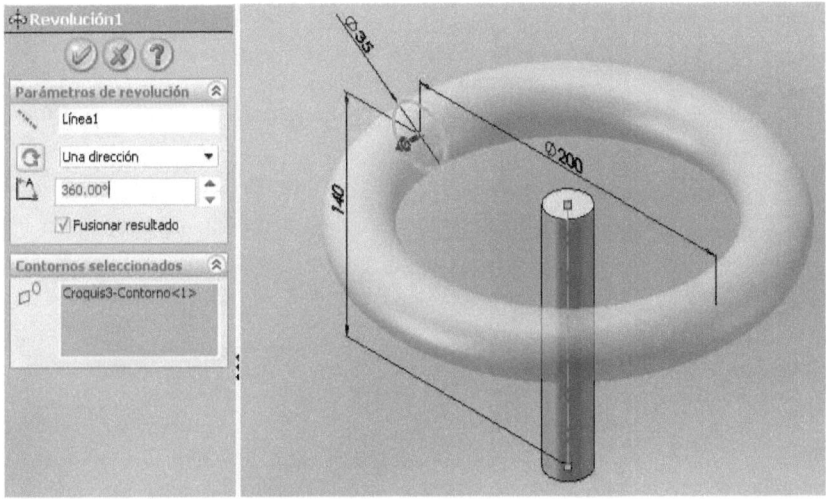

Para el resto de este ejercicio será de gran importancia revisar que se este trabajando en los planos adecuados.

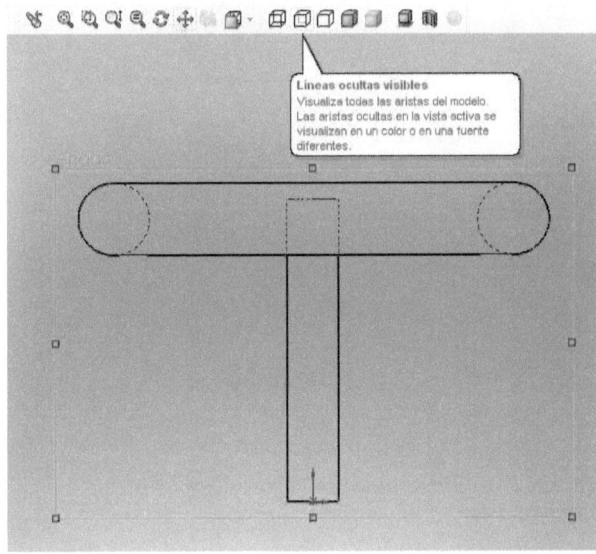

Seleccione el plano de alzada para dibujar la línea guía de la operación de saliente base/barrido.

Cambie la visualización del sólido a líneas ocultas visibles para poder tener claridad al dibujar los croquis siguientes.

Teniendo activo el plano de Alzada, de click para desplegar los elementos de la operación de revolución anterior.

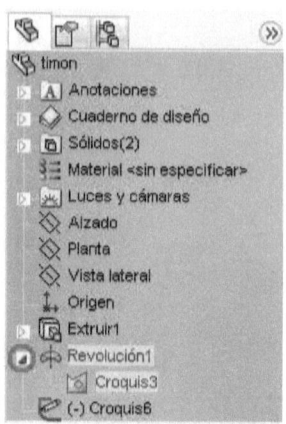

Sobre el icono que se despliega de croquis de click derecho y seleccione la opción de visualizar esto permitirá ver el boceto de la operación de revolución y utilizarlo como referencia para los siguientes croquis.

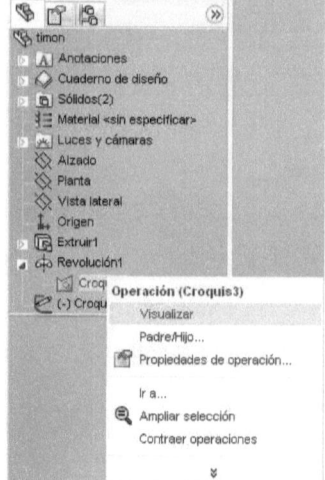

Dibuje una línea horizontal de 25mm que parta del centro del círculo que origina la operación de revolución. Dibuje dos arcos de circunferencias tangentes de 30mm de radio, dibuje una línea que parta del extremo final del último arco y termine consiente con la línea de referencia de sirve como centro de la operación de revolución. Esta última línea debe estar a 35mm de la cara superior del cilindro central del timón. Establezca una relación de igualdad entre las dos circunferencias y entre las dos líneas para minimizar el número de cotas en el boceto.

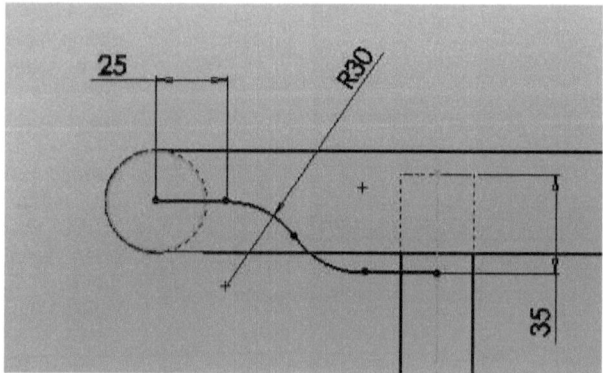

Utilice el icono de salir de croquis que encuentra en la esquina superior derecha de la ventana de diseño para finalizar con el dibujo del boceto.

Al pasar a vista isométrica podrá identificar claramente como se dibujo el boceto sobre uno de los planos, aparecerá en el árbol de diseño el nuevo croquis.

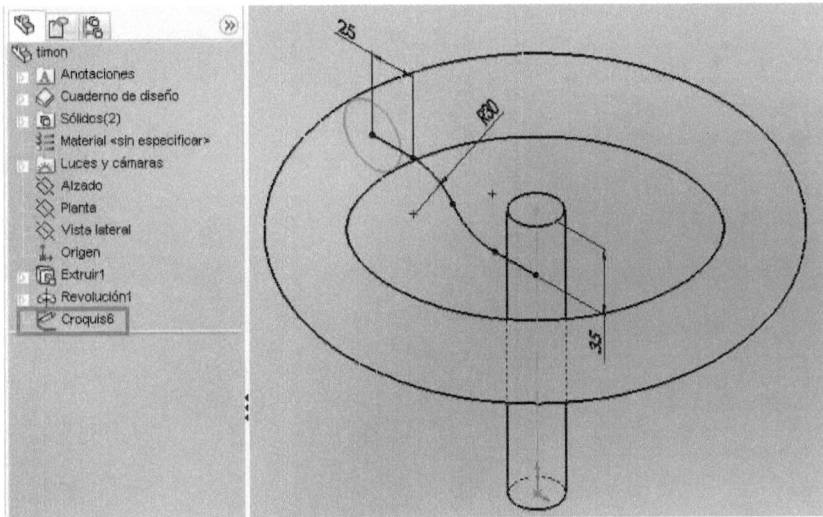

El siguiente paso será dibujar una elipse con centro en el extremo final del croquis anterior, sobre la línea de referencia para la operación de revolución.

La elipse deberá ser dibujada sobre el plano adecuado teniendo cuidado que la línea final del croquis anterior sea normal al plano seleccionado.

En este caso el plano adecuado será el de Vista Lateral seleccione el plano y dibuje, la siguiente elipse utilizando en comando Elipse.

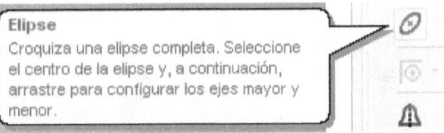

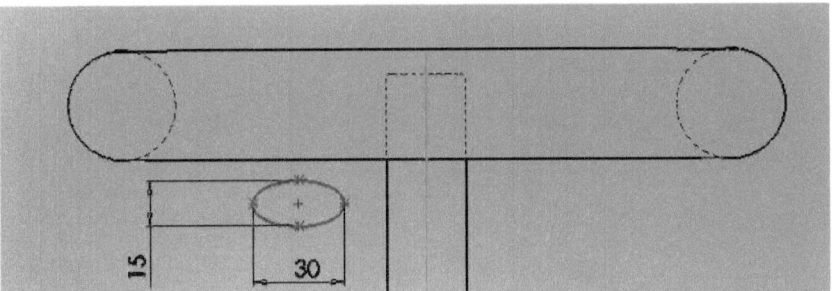

Establezca relaciones de vertical y horizontal entre los extremos de la elipse y acótela de la manera mostrada.

33

Gire un poco la figura para poder visualizar simultáneamente el extremo final del primer croquis y el centro de la elipse, seleccione los dos puntos y establezca una relación de coincidencia.

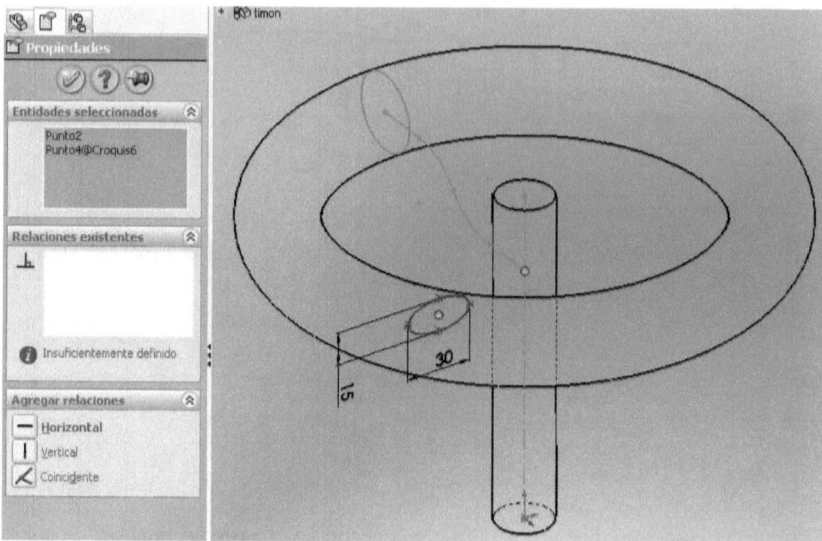

Utilice el icono de salir de croquis que encuentra en la esquina superior derecha de la ventana de diseño para finalizar con el dibujo del boceto.

En el árbol de operaciones, aparecerán ahora dos croquis, el primero será el de la línea guía para la operación de barrido y el segundo será la elipse que generara la forma del solidó.

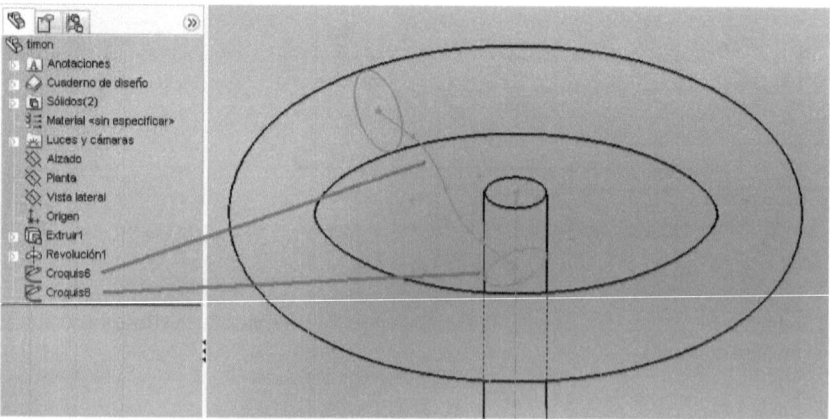

Revise que este fuera de todos los croquis y utilice el comando **Saliente/Base Barrido** para formar los sólidos que unirán el el eje central del timón con el toroide externo.

Utilice el árbol de operaciones que se despliega sobre la esquina izquierda superior de la ventana de diseño para seleccionar el perfil (Elipse) y el trayecto (Croquis inicial)

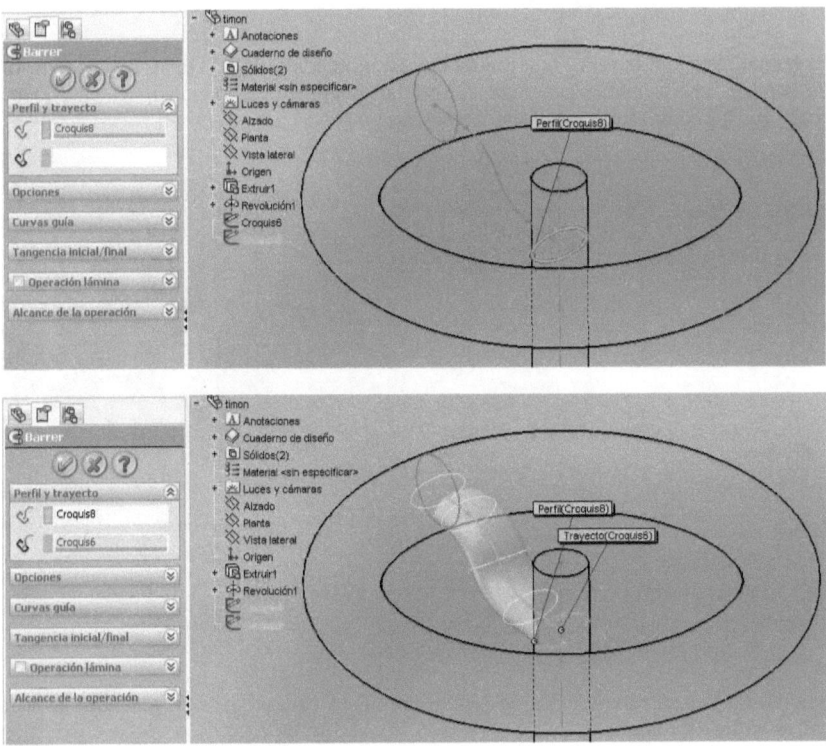

Creado este sólido se deberá generar una matriz circular para crear otros 4 brazos repartidos de forma simétrica dentro de todo el conjunto.

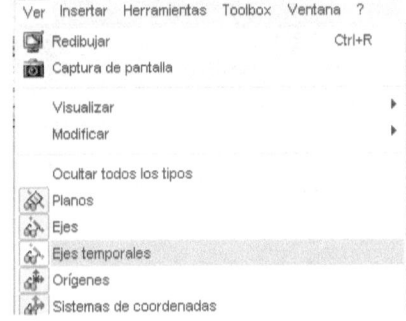

En el menú **VER** active la opción ejes temporales para poder visualizar el eje central del timón.

Este eje será necesario para poder crear la matriz circular.

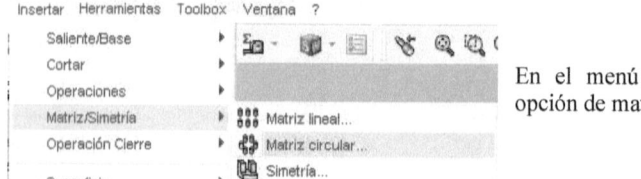

En el menú insertar seleccione opción de matriz circular.

El eje para la simetría será el eje central del timón, se realizaran 5 copias de la operación de barrido anteriormente generada. Active la opción de separación igual para lograr hacer que las copias se repartan simétricamente.

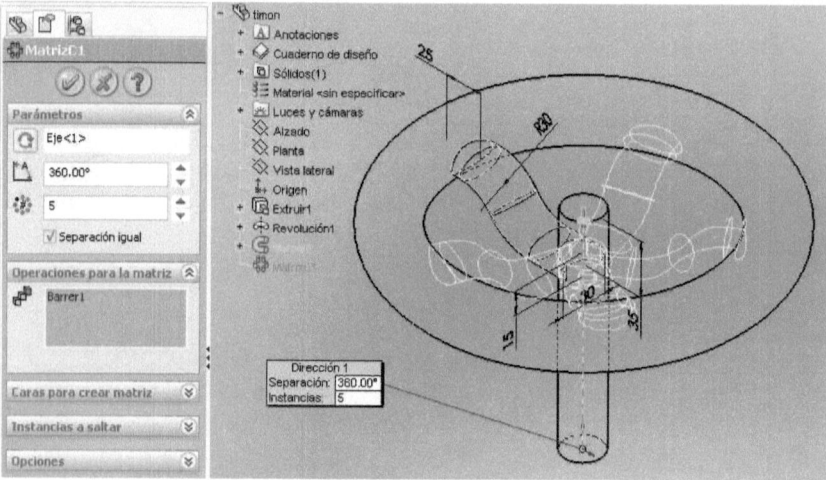

Seleccione la cara superior del eje central del timón para realizar un redondeo de cara con un radio de 10mm.

Seleccione la arista inferior del eje del timón para generar una operación de chaflán.

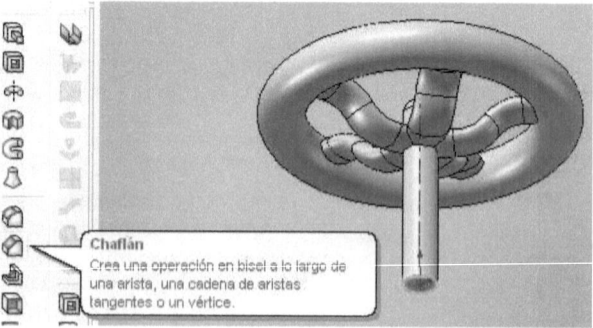

En la operación de chaflán seleccione la opción Angulo-Distancia, de una distancia de 5mm y un ángulo de 80 grados.

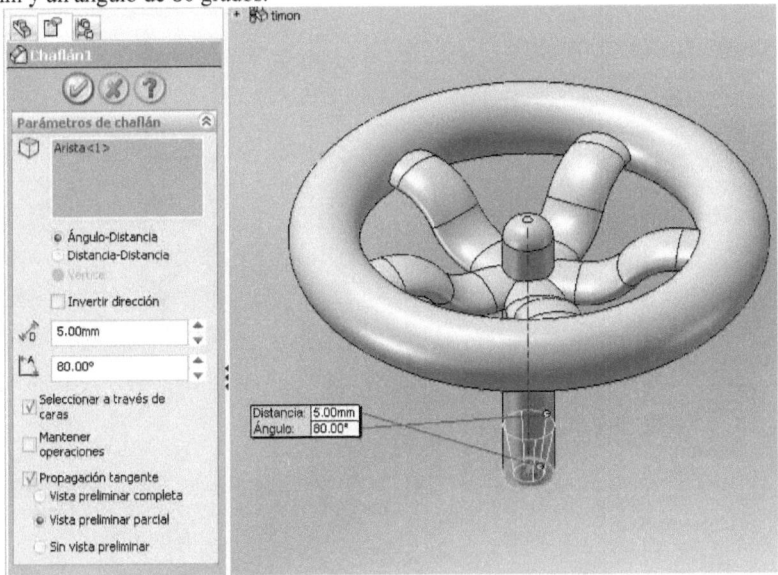

Active un croquis sobre el plano Alzada y dibuje el siguiente boceto en el extremo inferior del eje del timón. Seleccione el comando de corte por revolución

Para el eje de la operación tome el eje central del timón.

Esta operación quitara material utilizando una revolución, similar a lo que se realizaría en el proceso de torneado.

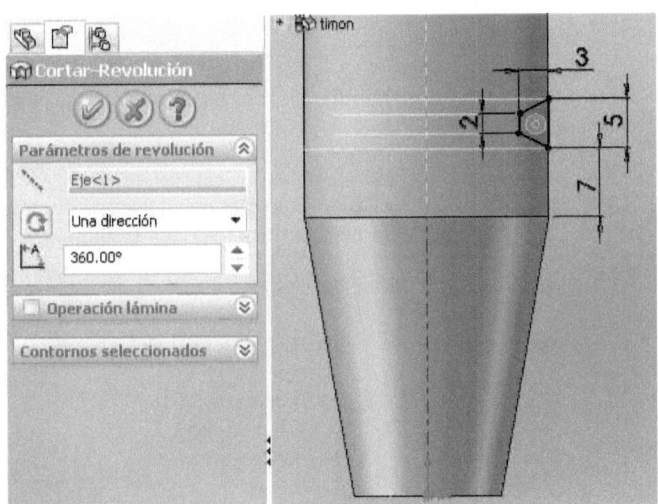

Otra herramienta muy útil es la medición de propiedades físicas.

Para esto el primer paso es establecer el material de la pieza.
En el árbol de operaciones de click derecho sobre el icono de material, y continuación en editar material.

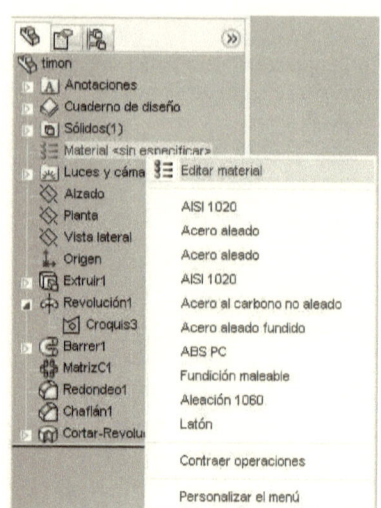

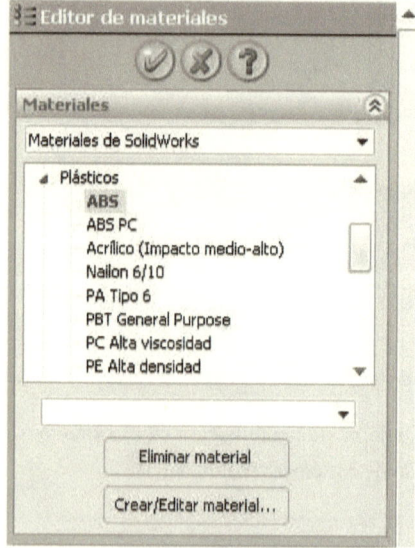

Dentro de los menús que se despliegan se pueden seleccionar gran número de materiales típicos de productos.

En la opción crear editar material pueden ver los valores de modulo elástico, conductividad, calor especifico, limite de tracción etc.

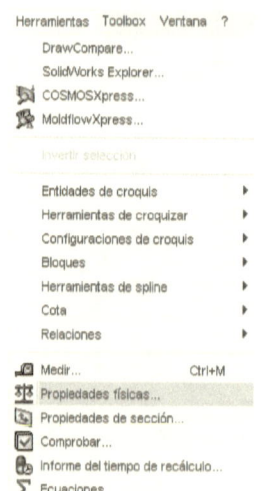

Al configurar el material se podrán calcular las propiedades físicas del sólido modelado.

En el menú herramienta seleccione la opción propiedades físicas. Y se desplegara un ventana que mostrara la información física referente al solidó.

Los resultados entregados serán:

    Densidad del material.
    Peso.
    Volumen.
    Área superficial.
    Centro de masa.

Entre otros.

38

La apariencia final del timón será la siguiente:

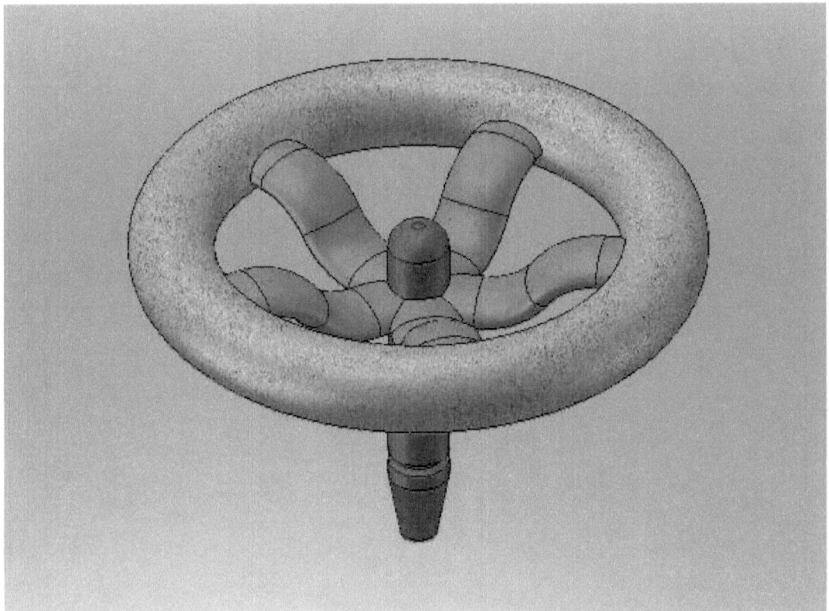

PIEZA NÚMERO 4

El piolet

En esta se trabajaran los conceptos de:

Boceto: Insertar planos.
Operación: Protucion entre secciones, nervios.

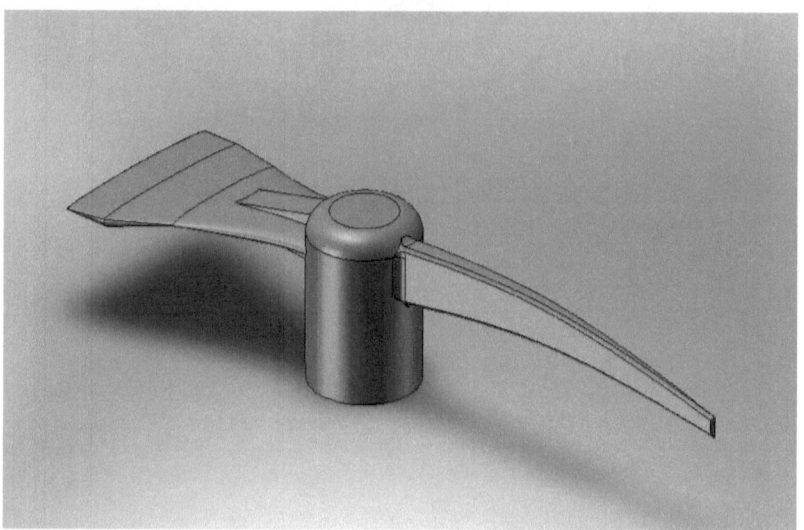

El piolet

Para iniciar con estas pieza seleccione la vista de planta y dibuje un círculo de 50mm de diámetro centrado en el origen.

Con este boceto genere una extrusión de 80mm.

Seleccione el plano de vista lateral y dibuje una línea de referencia que coincida con el eje central del cilindro que se acaba de extruir.

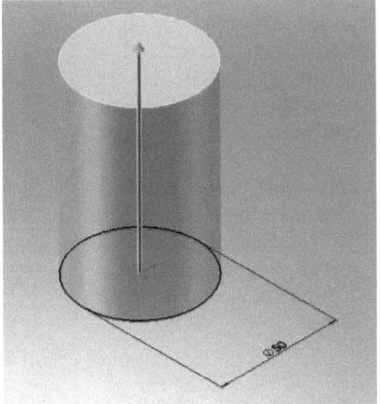

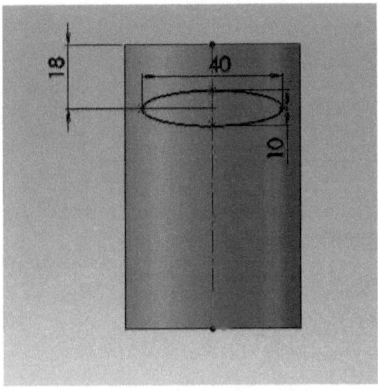

Dibuje una elipse tal como se muerta en el boceto, agregue una relación de coincidencia entre el centro de la elipse y el eje central del cilindro.

Coloque todas relacione necesarias para logar que el croquis quede totalmente definida.

Para esta pieza será necesario insertar planos que posteriormente se utilizaran para dibujar bocetos guías.

En el menú insertar seleccione la opción geometría de referencia y en esta el icono de plano, se desplegara un menú en el cual deberá especificar el plano de vista lateral como plano de referencia y digite una distancia de 20mm para la creación del nuevo plano.

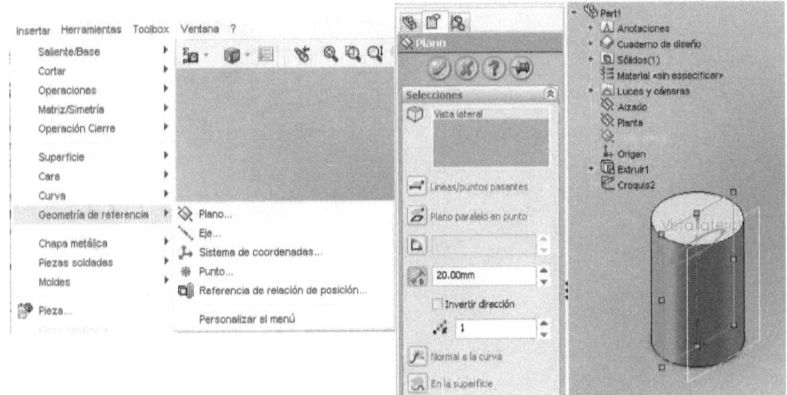

Seleccione el nuevo plano que acaba de crear para generar un nuevo croquis utilice el boceto de la elipse inicial para pasar esta al nuevo plano utilice el comando de convertir entidades.

Esto deberá haber creado la segunda elipse que deberá ser exactamente igual a la inicial pero dibujada en el segundo plano a 20mm del inicial.

En este ejercicio se necesitan mas planos de referencia, para lo cual se deberá seleccionar de nuevo la opción de insertar planos pero en esta ocasión se generaran 3 copias

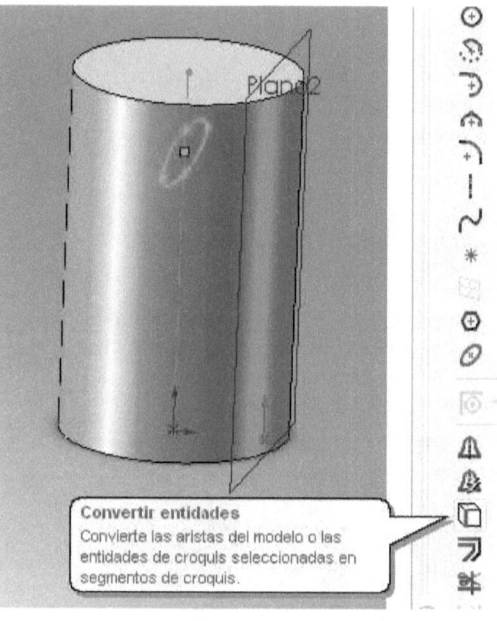

separadas 30mm cada una. El plano de referencia para esta operación será el primer plano creado, sobre el que se dibujo la segunda elipse.

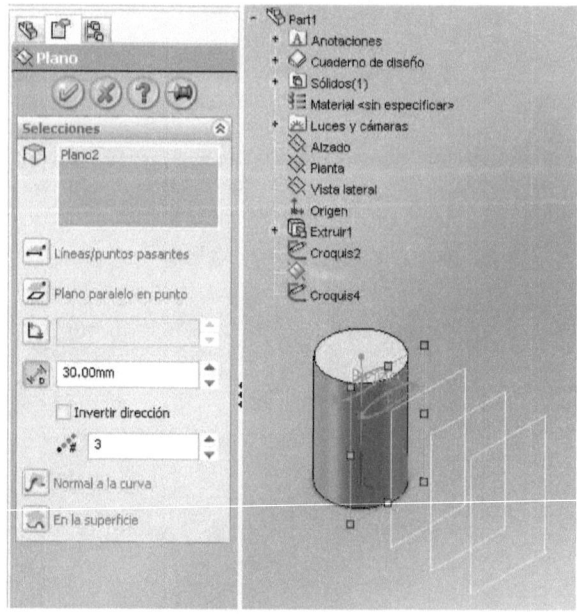

42

Sobre los planos que inserto deberá dibujar los croquis siguientes para obtener la siguiente configuración.

Del juego de nuevos planos seleccione el plano más próximo al cuerpo aquí dibuje la siguiente elipse. La distancia vertical entre los centros de la elipse es de 3 mm como se muestra en la siguiente grafica.

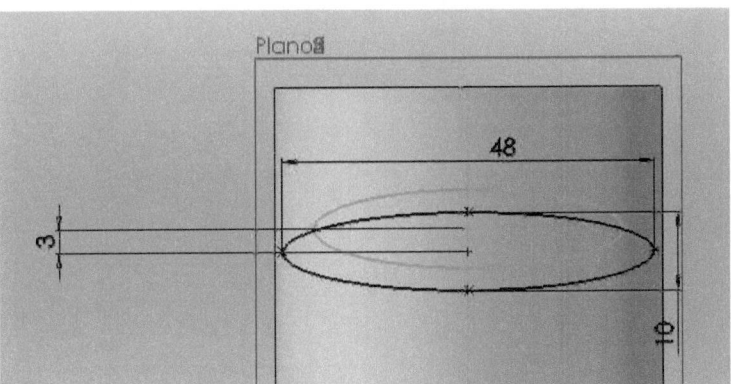

Seleccione el plano siguiente que se aleja del cuerpo de la pieza para dibujar el siguiente croquis.

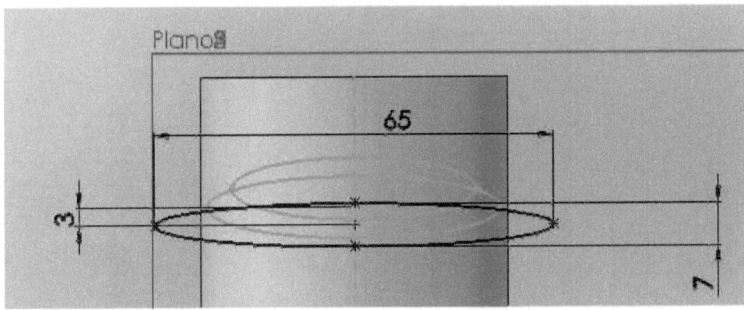

En el plano más lejano del cuerpo dibuje el siguiente croquis. Para facilidad durante el dibujo realice el boceto a un lado que le permita visualizar claramente lo que está dibujando, lo último que deberá hacer es establecer la relación de coincidencia entre uno de los centros de las elipses y la línea de eje del cuerpo.

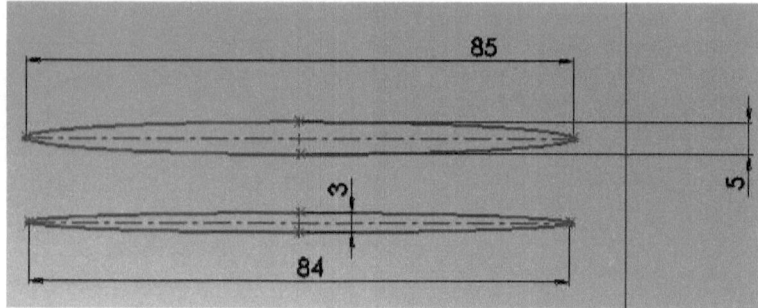

Cambie la cota de 84mm a 75mm y utilizando el comando de ✂ *recortar entidades* modifique el croquis para darle la siguiente forma.

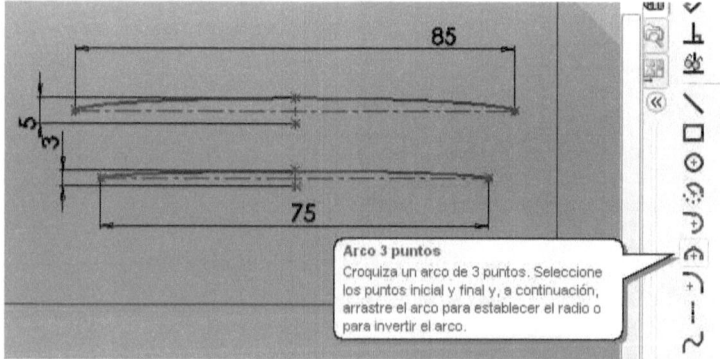

Dibuje una línea de referencia vertical que pase por los centros de los dos tramos de elipses que dibujó. Active el comando de simetría dinámica de entidades.

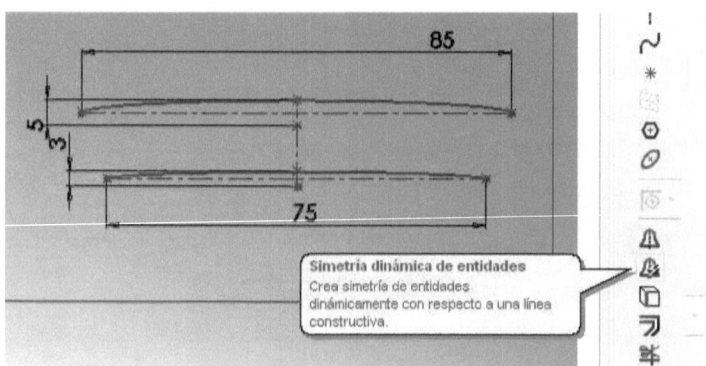

Acote el extremo mas bajo de la elipse superior y el extremo más bajo de la elipse inferior y seleccione una medida de 3mm. Utilice la herramienta de arco por tres puntos para generar los extremos redondos del boceto. definamos un radio de 3.5mm.

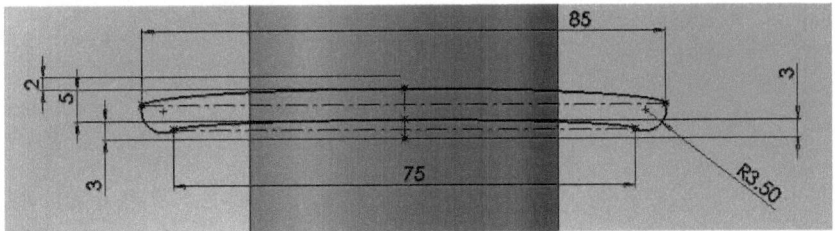

Al terminar este croquis seleccione la opción de recubrir para generar el solidó.
En el menú que se despliega seleccione todos los croquis que dibujo anteriormente. No seleccione el último boceto, este se utilizara para una operación siguiente.

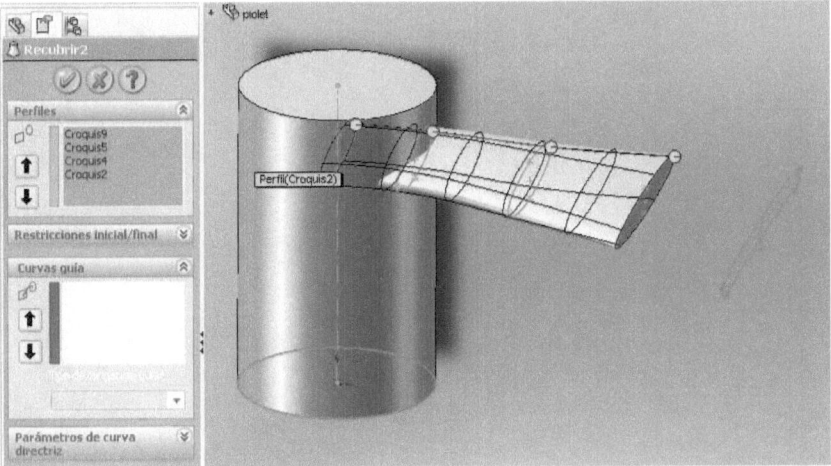

Luego de visualizar el solidó que se genera acepte la operación de recubrir.
Seleccione de nuevo la opción de recubrir pero ahora en la opción de perfiles seleccione la cara mas alejada del cuerpo que acaba de generar el solidó creado y el ultimo croquis que dibujo.

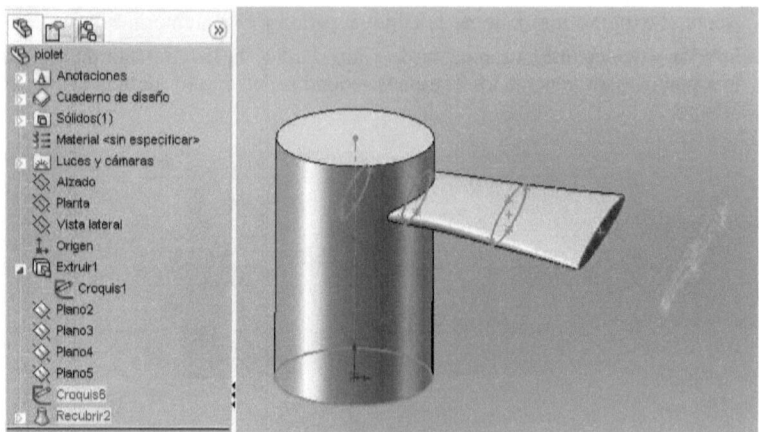

Inserte un plano de referencia paralelo a la cara que se acaba de generar, la distancia de este plano será de 20mm.

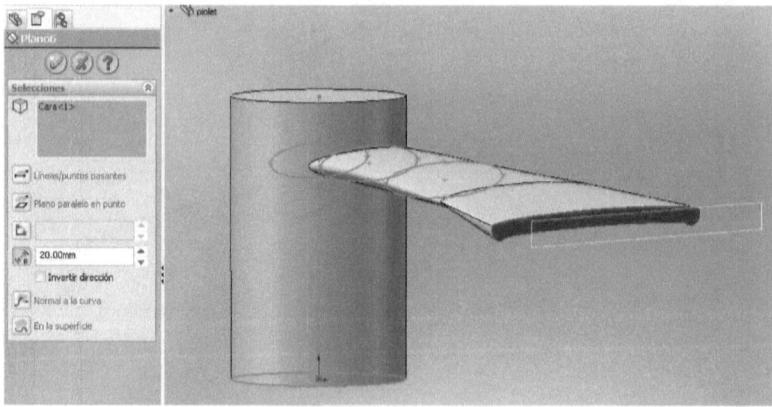

Active el croquis de la operación anterior y cópielo utilizando del comando **CTRL C**.

Seleccione el último plano que creo y pegue el croquis que copio. Modifique las medidas de este croquis para darle las siguientes dimensiones. Coloque un cota de 2mm entre el extremo superior de la elipse modificada y el extremo superior de la elipse original que esta sobre la cara distante de la pieza.

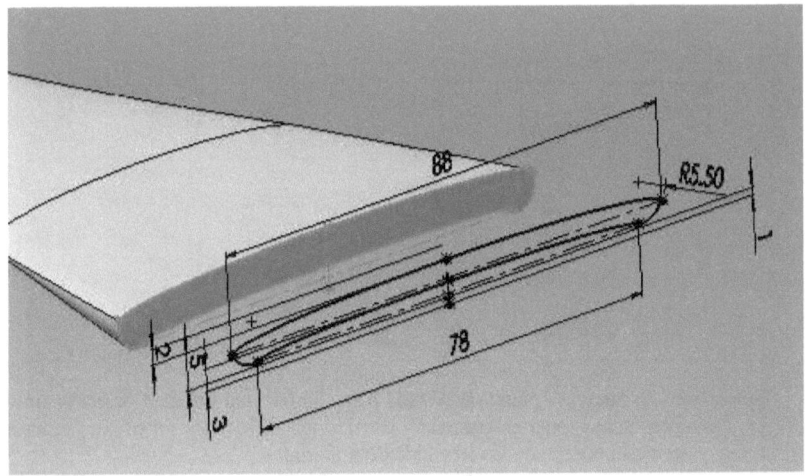

Utilice la cara más lejana del sólido que esta creado y el último croquis que se creó para generar otra operación de recubrir.

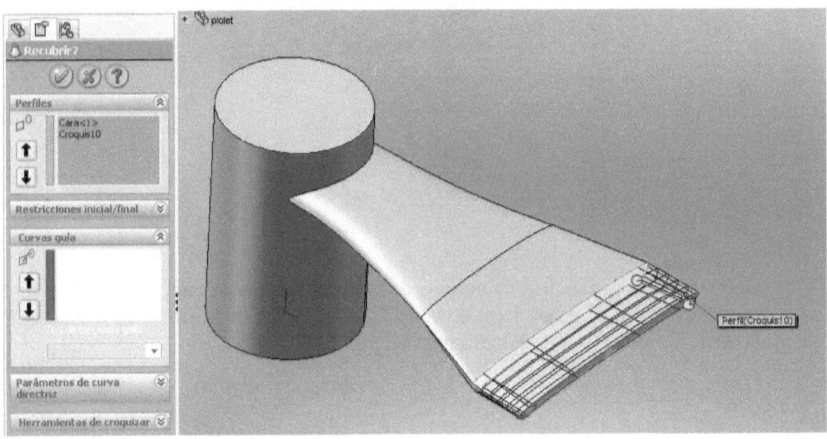

Seleccione el plano de Alzada para dibujar una línea en posición similar a la siguiente, seleccione el comando de nervio. Seleccionamos un espesor de 15mm.

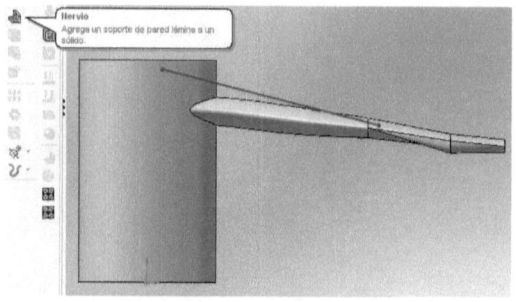 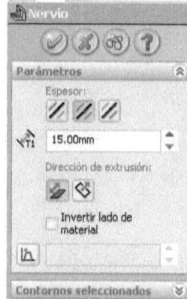

Seleccione de nuevo el plano de Alzada para dibujar una línea en posición similar a la siguiente, seleccione el comando de nervio. Seleccionamos un espesor de 8mm y active la opción de invertir lado de material.

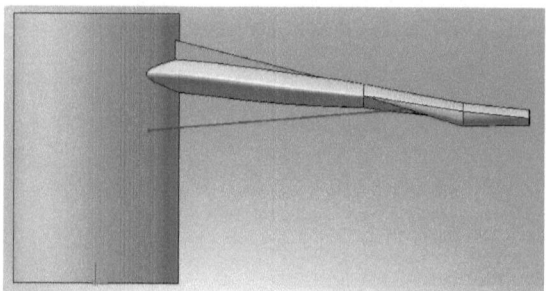 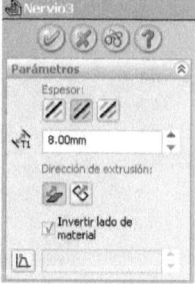

Una vez estén generados los nervios de la pieza inserte un nuevo plano de referencia utilizando como referencia la vista lateral, seleccionamos una distancia de 200mm.Como se indica a continuación.

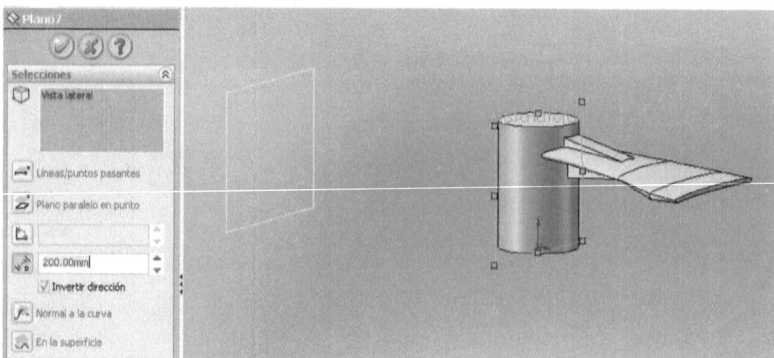

48

Seleccione el plano de vista lateral y realice el siguiente croquis. Agregue un punto sobre el punto medio de la línea horizontal superior del rectángulo de 12X30mm.

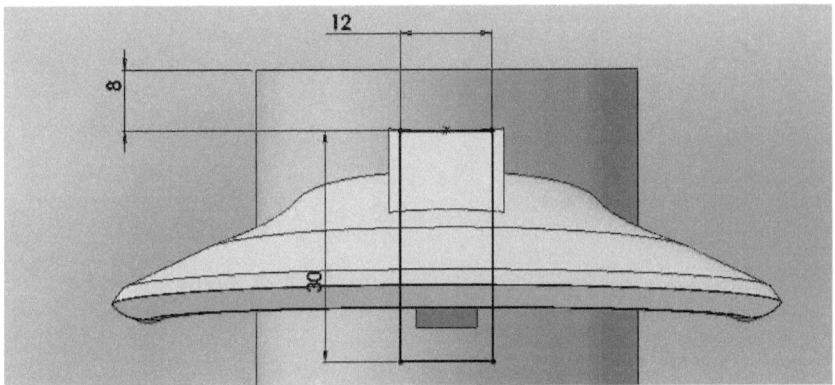

Active el último plano creado y realice el siguiente croquis.

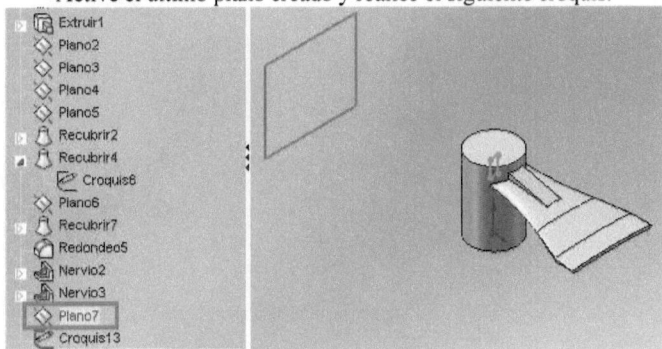

Inserte también en este croquis un punto sobre el punto medio de la línea horizontal superior del rectángulo de 3X10mm. Inserte una cota de 15mm entre la arista superior de este croquis y la arista superior del croquis anterior.

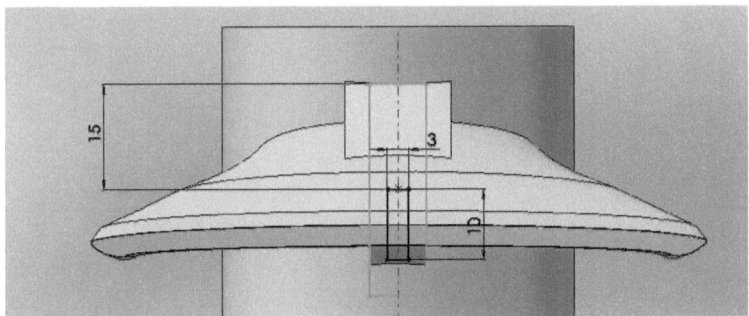

Sobre el plano de Alsada y con el comando de **spline** una los puntos que inserto en los dos últimos croquis anteriores estos serán un línea guía para la operación siguiente de recubrir.

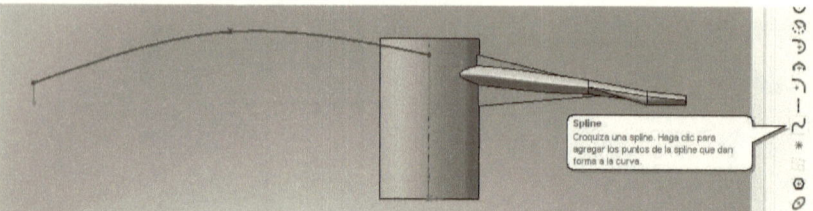

Utilice el comando de recubrir, en la ventana de perfiles seleccione los croquis de rectangulares que creo, seleccione la spline como línea guía de la operación.

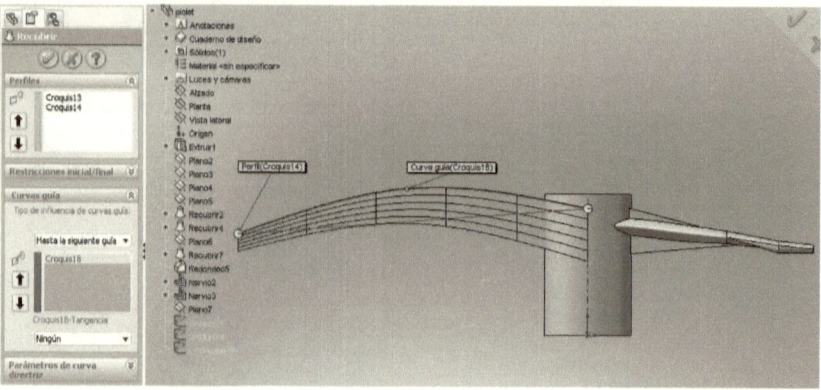

Inserte una operación de redondeo sobre la arista superior del cuerpo central. El radio de redondeo será de 10mm.

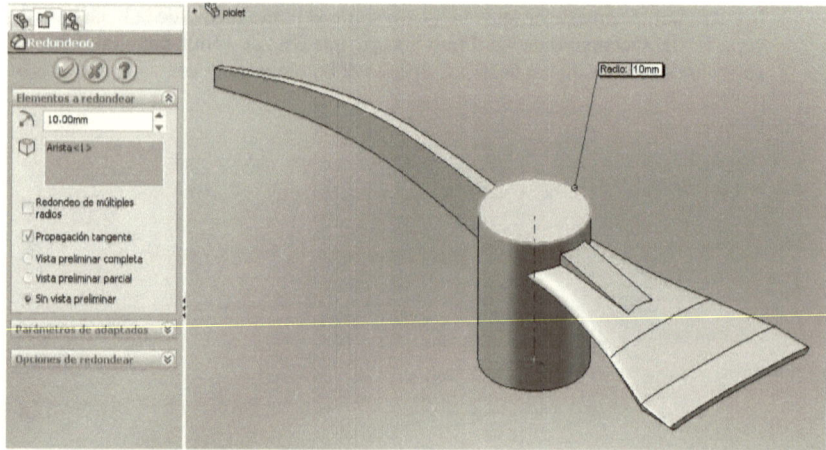

Inserte un chaflán sobre las aristas de la punta del piolet. Utilice la opción de chaflán por ángulo y distancia, el ángulo será de 45 grados y la distancia de 1.5mm.

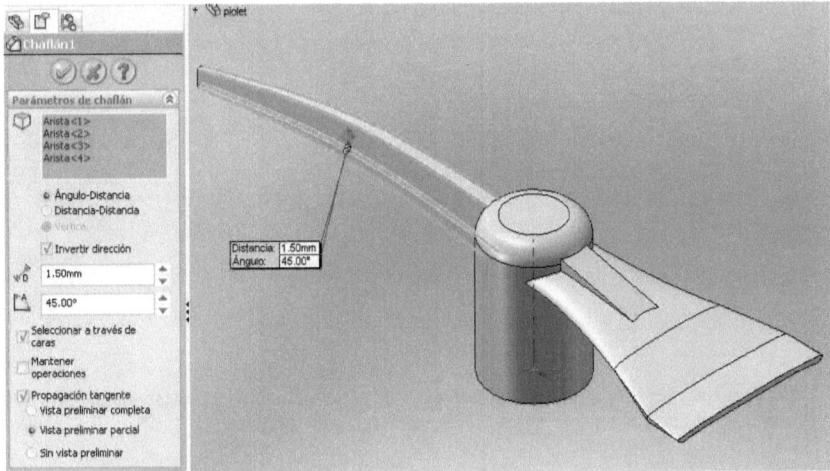

Haga otro chaflán Angulo distancia sobre las aristas horizontales de la punta del piolet. Las medidas de ángulo y distancia son de 45 grados y 1.5mm respectivamente.

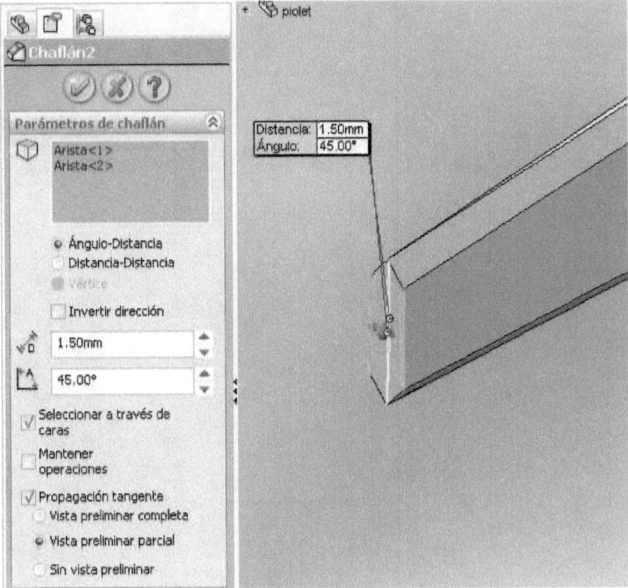

 Seleccione la cara inferior del cuerpo cilíndrico central para realizar una operación de extruir corte. La distancia del corte será de 50mm.

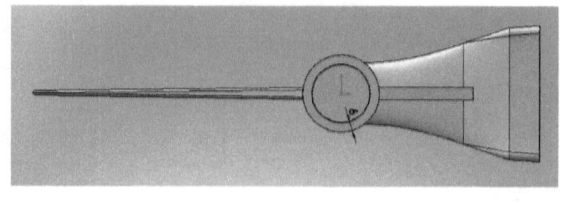

Para terminar el piolet haga una operación de redondeo sobre las aristas que forma el pico con el cuerpo central. El radio de redondeo será de 5mm

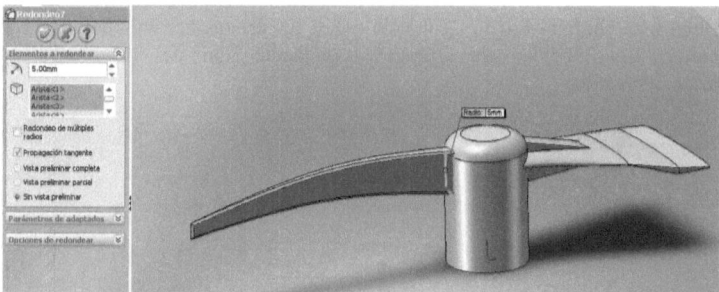

La apariencia final del piolet será la siguiente.

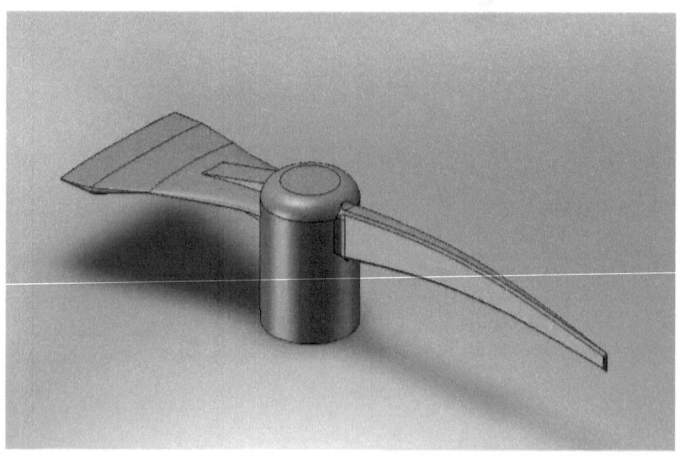

PIEZA NÚMERO 5
La caja

En esta se trabajaran los conceptos de:

Operación: Chapa base, pestañas, desahogos, sierre de aristas, desarrollo de chapa y troquelado.

La caja

Para esta pieza será necesario tener activo la barra de herramientas de chapa metálica, la podrá activar dando click derecho sobre una de las barras actuales y seleccionar el incono de chapa metálica esto hará que se despliegue una barra con todas las herramientas necesarias para esta pieza.

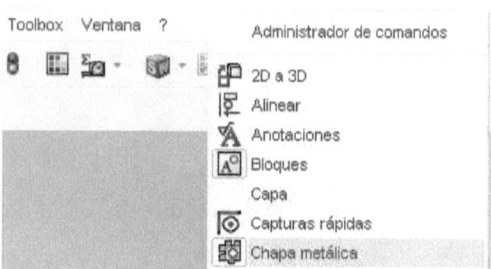

Seleccione el plano de planta para dibujar un croquis de 302mm X 475mm **centrado en el origen** y seleccione el icono de Brida/base, seleccione una configuración de 4mm de espesor a toda la chapa metálica que trabajará.

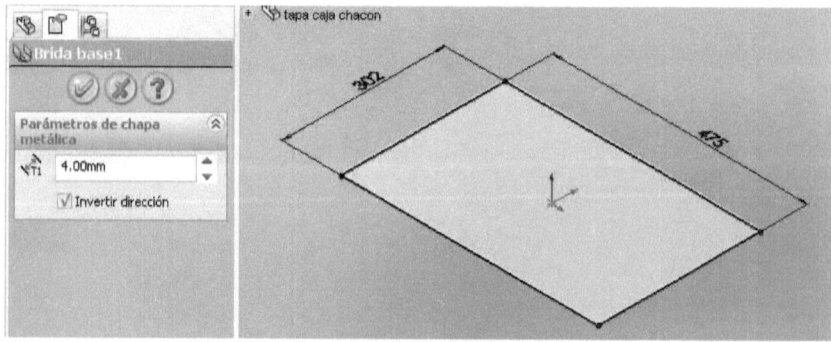

Con la chapa base creada se partirá a crear las pestañas que darán forma a la caja para esto seleccione las dos aristas laterales más largas y utilizando el comando de Brida de arista seleccione un radio de doblado de 2mm un ángulo de 90 grados y una longitud de 78mm. En la configuración de posición de brida seleccione la opción de material interior lo cual hará que la pestaña creada se proyecte dentro de la chapa base.

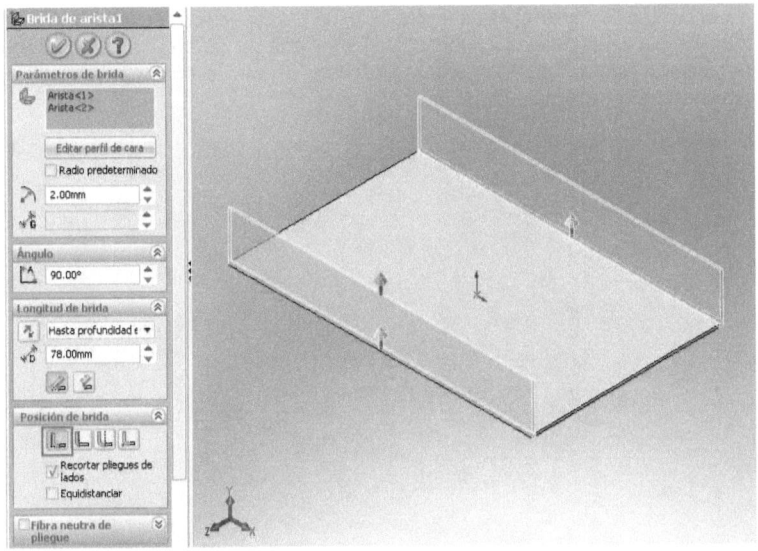

Con estas dos pestañas creadas genera las dos pestañas laterales que hacen falta utilizando el mismo comando pero con la siguiente configuración. Coloque un radio de curvatura de 2mm

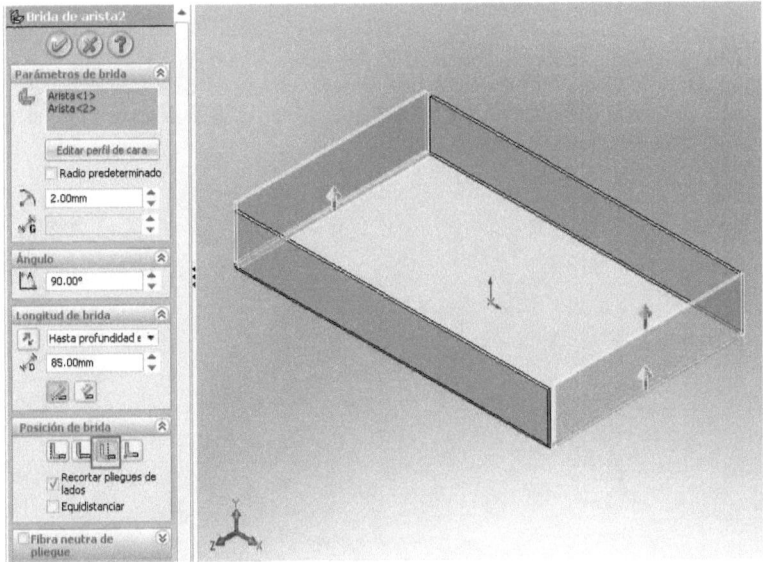

Para estas dos pestañas seleccione la opción de pliegue exterior en la categoría de posición de brida.

Para realizar las cuatro pestañas interiores de la caja seleccione las aristas finales de las dos pestañas creadas inicialmente. En la ventana de brida de arista ingrese los siguientes parámetros. Cerciórese de activar la opción de material interior en la categoría de posición de brida.

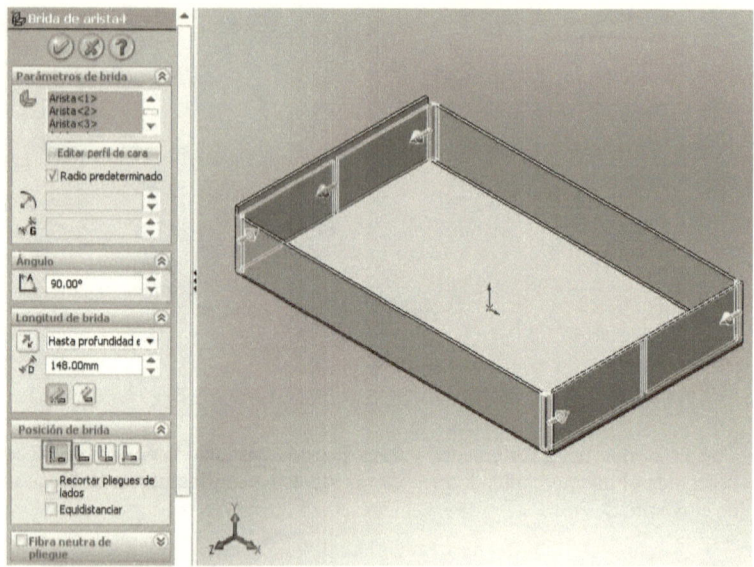

Para generar un dobles en forma de U seleccione el comando Dobladillo en la barra de chapa metálica. Seleccione las dos aristas exteriores de las pestañas laterales y entre los parámetros siguientes longitud de dobles de 80mm separación entre caras interiores del dobles de 7mm.

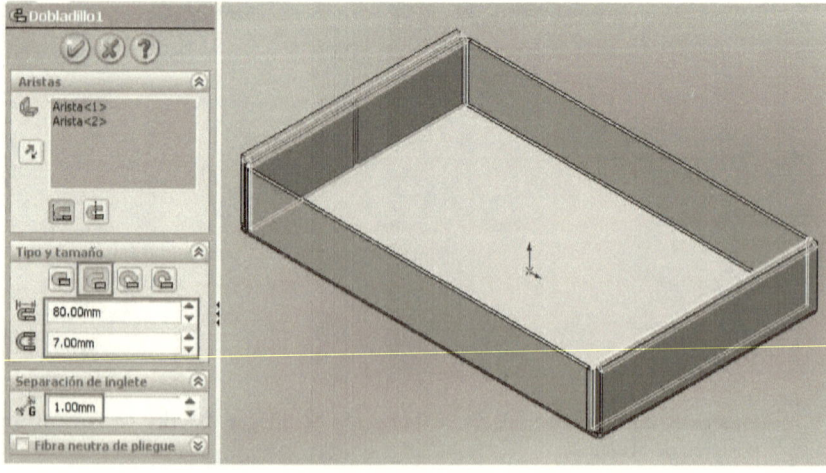

Para continuar con el desarrollo de la caja será necesario realizar una operación de desdoblar las pestañas laterales y los dobladillos que se generar a través de estas.
Seleccione el comando desdoblar en la barra de chapa metálica.
Como cara fija seleccione la cara inferior de la caja y ventana pliegues por desdoblar seleccione los dos dobladillos y los dobleces que generan las pestañas lateras que se unen a los mismos dobladillos.

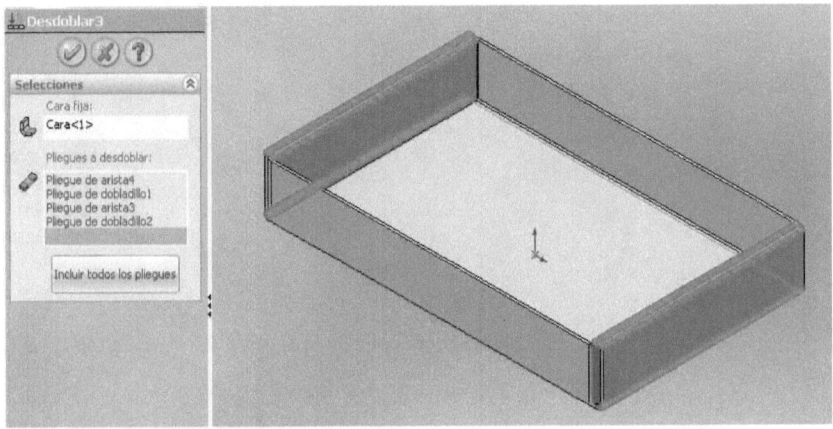

Genere otra operación de desdoblar pero ahora tome como cara fija el extremo exterior de una de las pestañas creadas en la primera operación, y seleccione las dos aristas que forman las pestañas interiores.

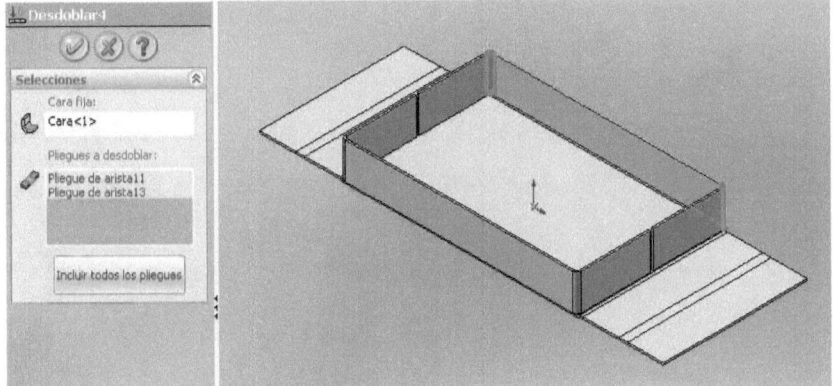

Con parte de la caja desdoblada seleccione la cara inferior central para dibujar un croquis que será guía de una posterior operación de corte.

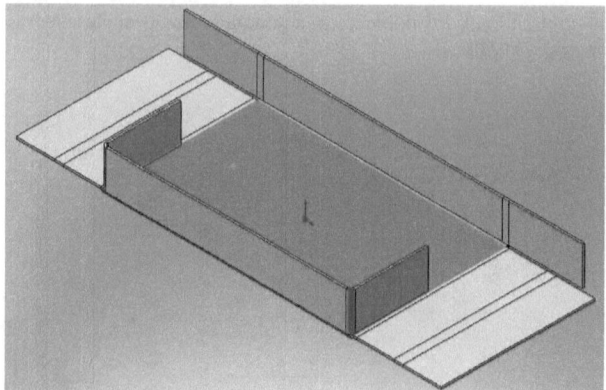

En el extremo superior izquierdo de esta cara dibuje el siguiente croquis. Puede iniciar dibujado un cuadrado para posteriormente realizar operaciones de redondeos en cada una de las cuatro esquinas del croquis.

Con este croquis totalmente definido realice una operación de corte a través de todo.

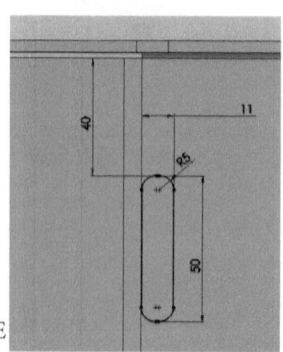
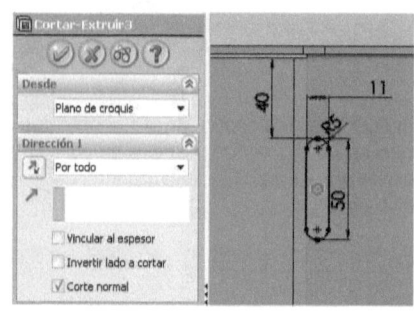

Esto generara un corte sobre la lamina inicial que posteriormente se utilizara para cerrar la tapa.

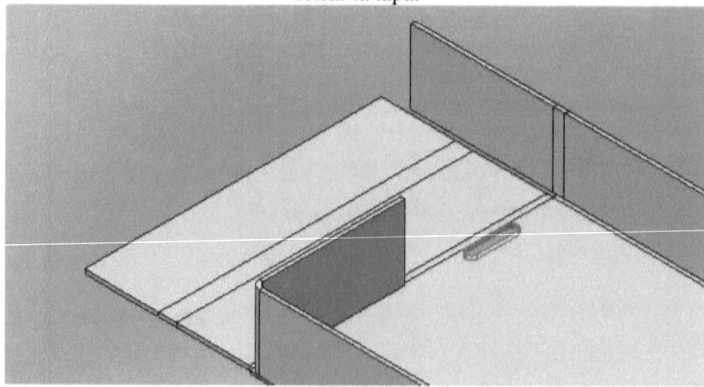

Con el menú de insertar matriz/simetría active la operación de simetría, seleccione el plano alzado como plano de simetría y seleccione la operación de corte como operación para hacer simetría. Esto generara una copia del corte inicial.

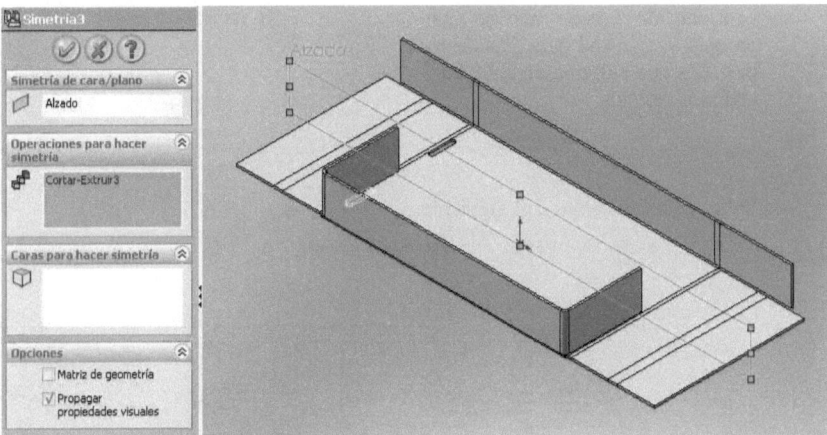

De nuevo seleccione el comando de insertar simetría para copiar la simetría que genera los dos cortes pero ahora utilizando como plano de referencia el plano de Vista lateral.

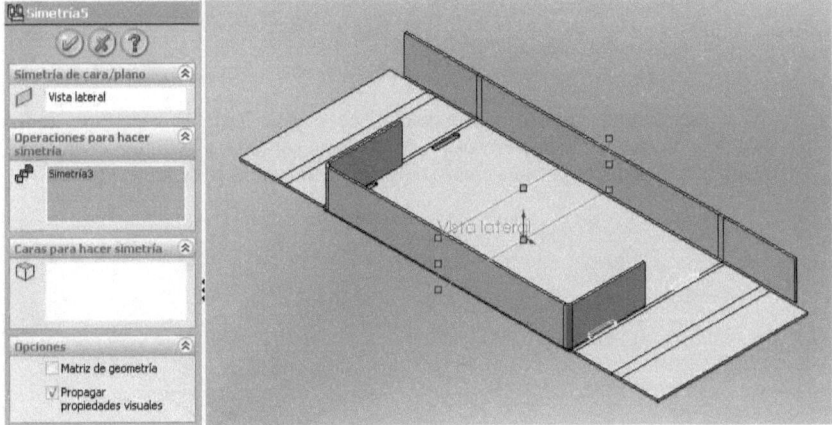

Una vez realizada esta simetría tendrá cuatro cortes ovalados sobre la cara inferior de la caja, estos cuatro cortes servirán de alojamiento para cuatro pestañas que se crearan posteriormente.

Seleccione la cara que se muestra a continuación para activar un croquis que servirá para generar las pestañas que entraran en los cuatro orificios creados.

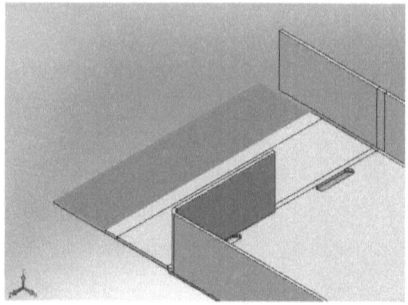

Sobre esta cara realice el siguiente croquis.

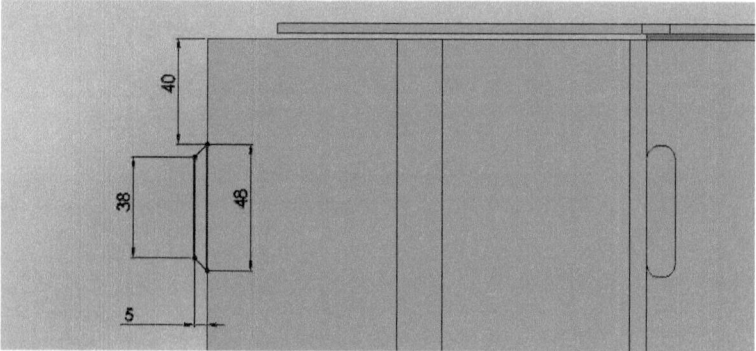

Con este croquis genere una operación de extruir hasta la superficie, utilizando como cara de referencia el respaldo de la chapa sobre la cual dibujo el croquis. Esto hará que la pequeña pestaña creada tenga el mismo espesor de toda la pieza.

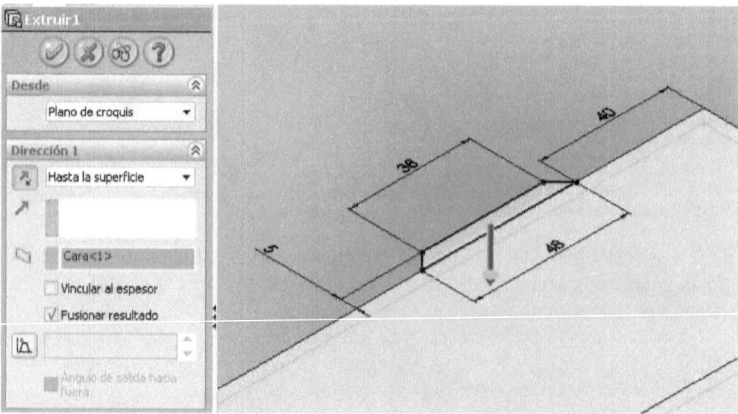

Con esta pestaña creada genere otras dos operaciones de simetría que permitan reproducir esta operación en un patrón igual al de los cortes creados inicialmente.

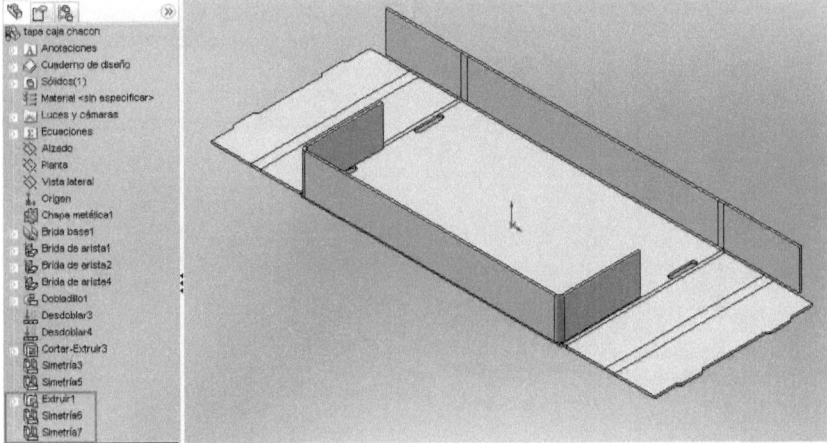

Teniendo todas estas operaciones listas seleccione el comando de doblar para restaurar los dobleces creados desde el inicio del ejercicio, como cara fija utilice la cara inferior central y utilice la opción de incluir todos los pliegues.

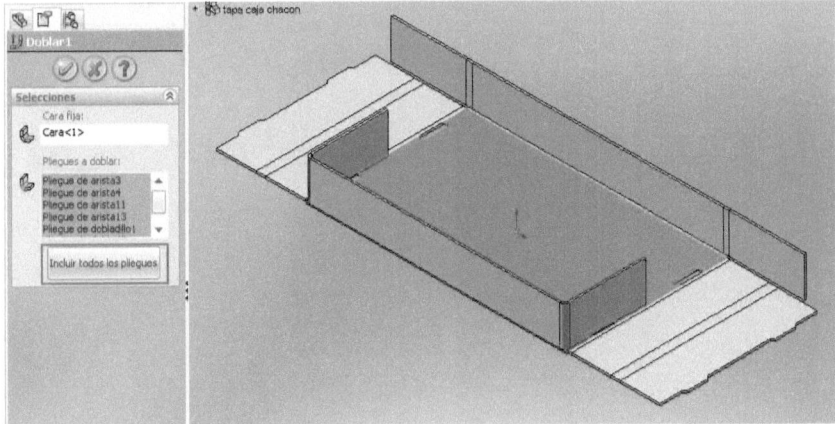

Esto doblara todas las pestañas que fueron desdobladas inicialmente.

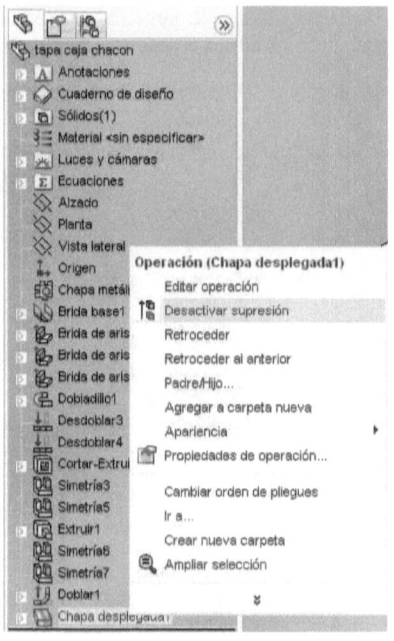

Si se desea ver el patrón de desarrollo de toda la chapa metálica de click derecho sobre la última operación del árbol de diseño (Chapa desplegada) y utilice la opción de desactivar supresión.

Esto mostrara cual sería el desarrollo de la chapa metálica antes de ser doblada.

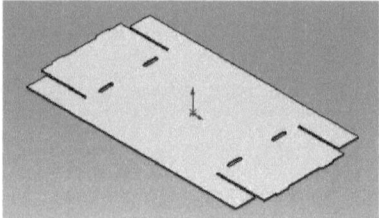

ENSAMBLE

La rueda

En esta se trabajaran los conceptos de:

Operación: Insertar piezas, Relaciones de ensamble, vistas en explosivos, visualización de piezas.
Herramientas: Detección de interferencia, simulación de movimiento básico.

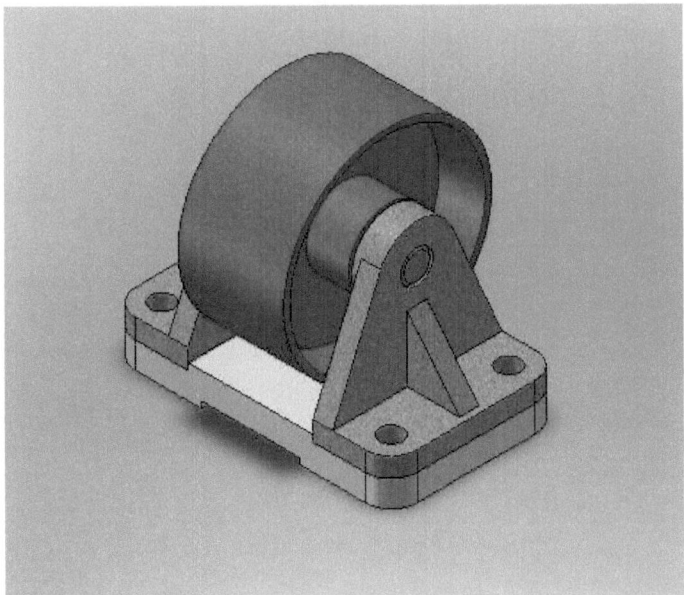

ENSAMBLE

Para iniciar con el ensamble debe tener ya modeladas las siguientes piezas:

1. Base	
2. Soporte Eje	
3. Eje	
4. Rueda	

Los planos de cada una de las piezas están a continuación.

Al iniciar el programa busque el comando crear un nuevo archivo. Con este se desplegara una nueva ventana donde deberá seleccionar la opción de ensamble.

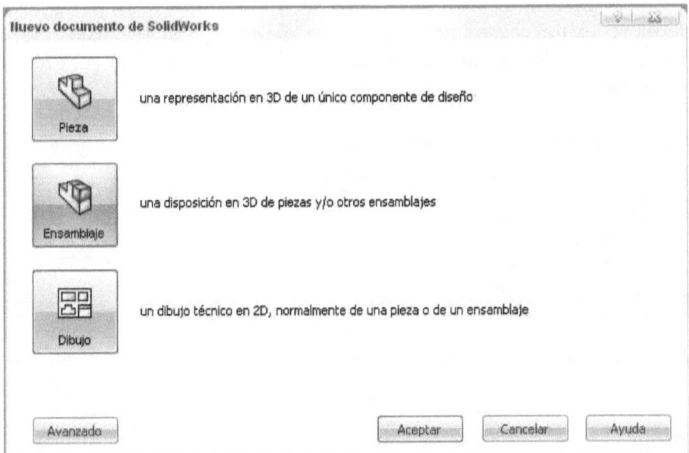

Al entrar al ambiente de ensamble lo primero que deberá hacer es seleccionar la pieza que será la base para relacionar la posición de las otras piezas, en este caso la pieza inicial será la Base. Para seleccionarla utilice el botón de examinar e indique la ubicación del archivo que desea abrir.

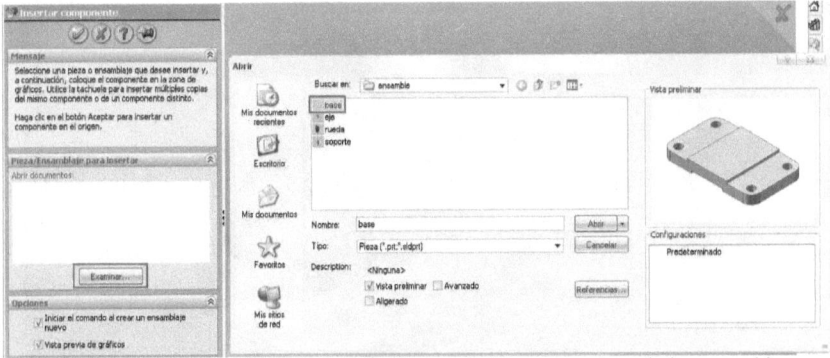

Luego de seleccionar la pieza de un clic dentro de la ventana de trabajo para ubicar la pieza inicial.

Teniendo la pieza en la ventana de diseño seleccione en el menú de ***insertar, componente, pieza/Ensamble existente.***

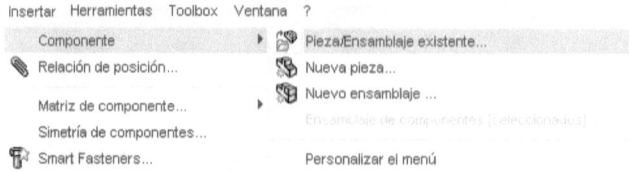

Seleccione el link examinar y busque la pieza Soporte Eje para insertarlo en la ventana de trabajo, de un clic dentro de la ventana de trabajo para ubicar la pieza seleccionada.

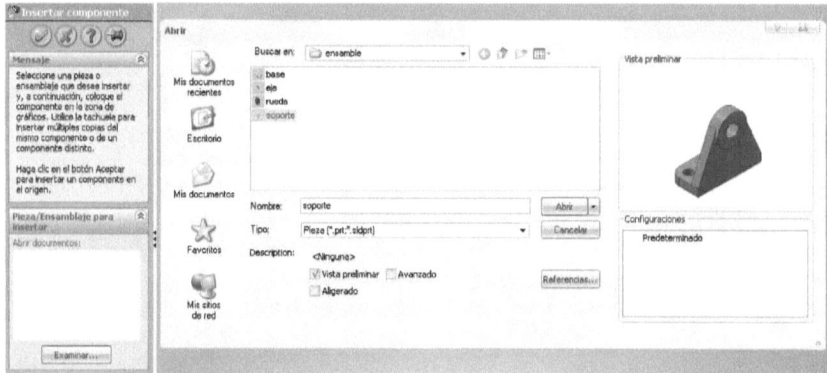

Ubique las piezas en una posición similar a la siguiente, y seleccione el link de relación de posición.

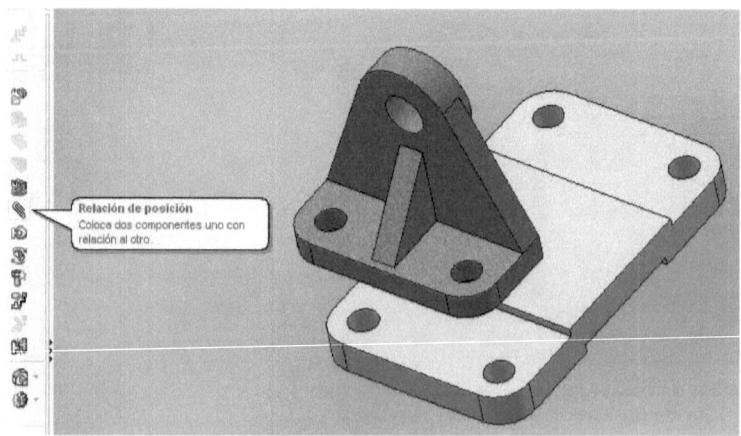

Seleccione las dos caras interiores de los orificios que servirán para realizar la unión de la base con la del soporte y establezca entre ellas una relación de concentricidad.

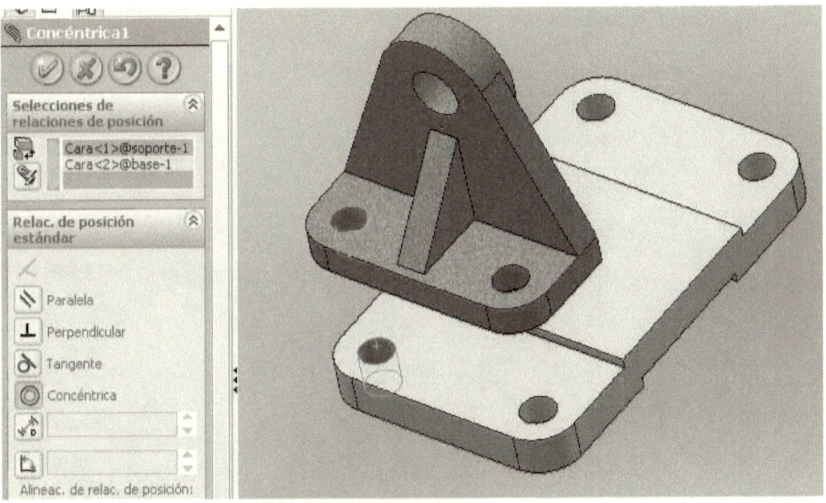

El soporte se desplazara para lograr hacer que los dos agujeros coincidan.
Seleccione las descaras internas de los otros dos agujeros para lograr hacer que la pieza quede total mente alineada para que todos los agujeros coincida.

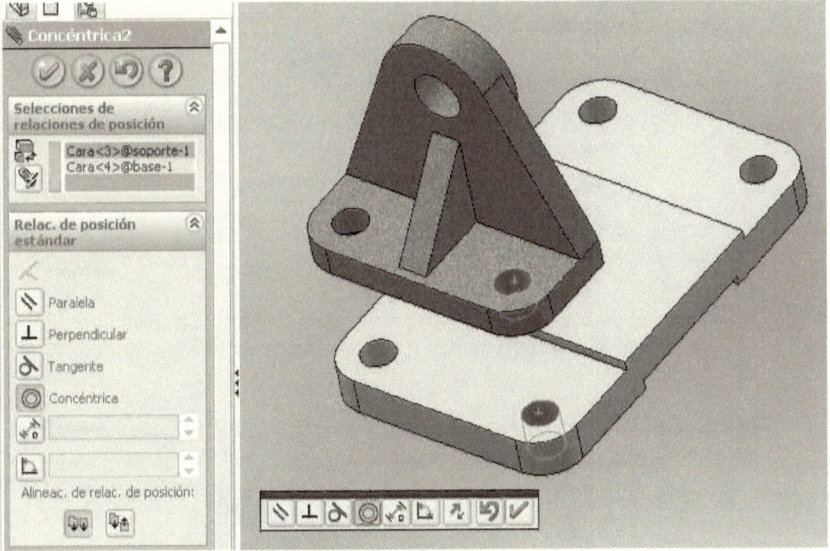

Seleccione la cara superior de la base y la cara inferior del soporte establezca una relación de coincidencia para lograr hacer que la posición del soporte quede totalmente definida.

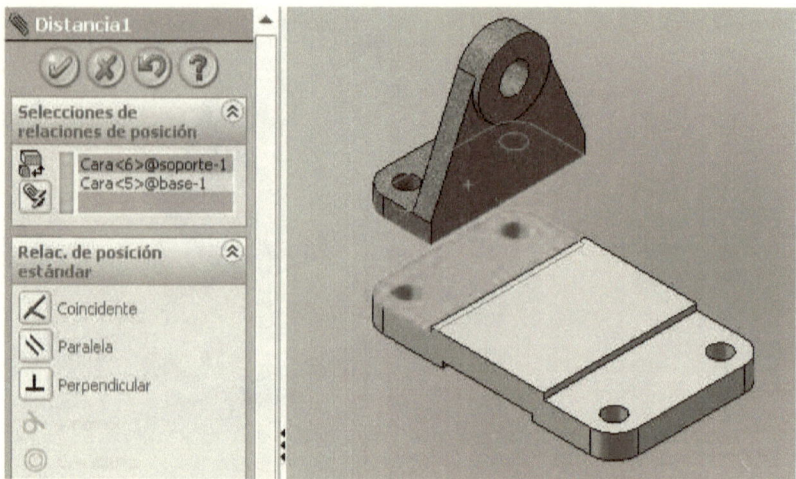

Con el primer soporte ensamblado inserte otro soporte para realizar la operación simétrica.

Teniendo la pieza en la ventana de diseño seleccione en el menú de *insertar, componente, pieza/Ensamble existente.*

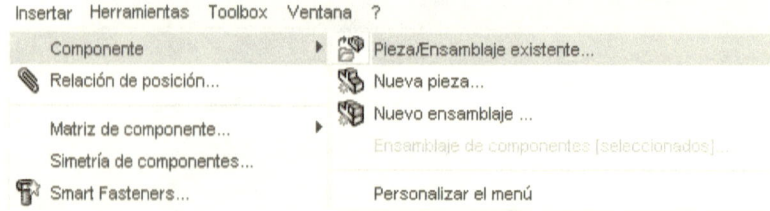

Seleccione el link examinar y busque la pieza Soporte Eje para insertarlo en la ventana de trabajo, de un clic dentro de la ventana de trabajo para ubicar la pieza seleccionada.

Insértelo en una posición que le permita visualizar cómodamente las dos partes ya ensamblada y el nuevo soporte a ensamblar.

Con el segundo soporte insertado en la ventana de diseño de clic derecho sobre el nuevo soporte y seleccione la opción de mover con sistema de referencia esto permitirá visualizar los posibles movimientos a realizar con el nuevo soporte.

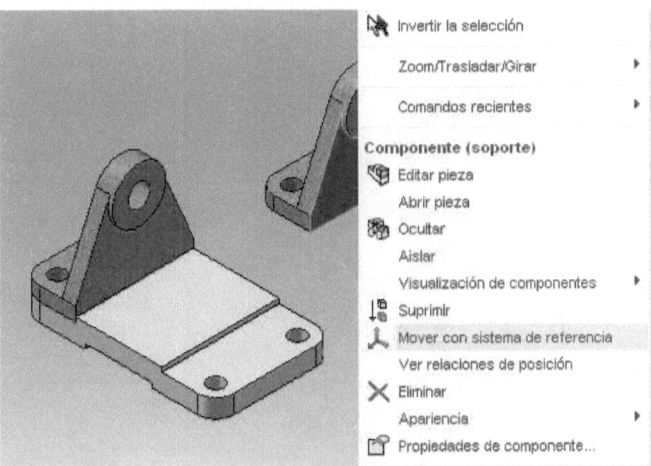

Esta opción mostrara tres circunferencias que funcionaran para rotar la pieza con relación a los tres planos ortogonales de diseño.

Los tres vectores que aparecen permitirán desplazar la pieza con relación a los ejes de diseño.

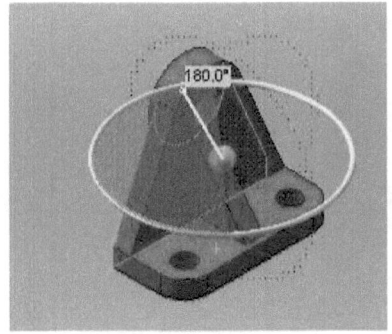

Para lograr ubicar el soporte en una posición adecuada seleccione en circulo verde y rótela pieza 180 grados.

Con la pieza ubicada en la posición adecuada establezca las relaciones de concetricidad entre las cara interiores de los agujeros de la misma forma en que se realizo con el primer soporte insertado.

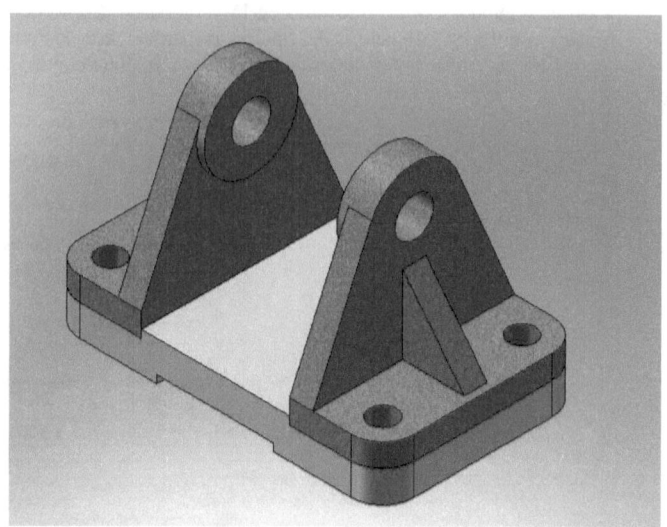

Luego establezca la relación coincidencia entre la cara superior de la base y la cara inferior del soporte para dejar totalmente fijo en segundo soporte.

Inserte ahora el eje teniendo cuidado que la posición permita visualizar todas las piezas, el lograr posicionarlo sin que se superponga a las piezas ya ensambladas facilitara el proceso de establecer nuevas restricciones.

Seleccione la cara interior de uno de los soportes y la cara exterior de uno de los extremos del eje, establezca entre ellos una relación de concentricidad.

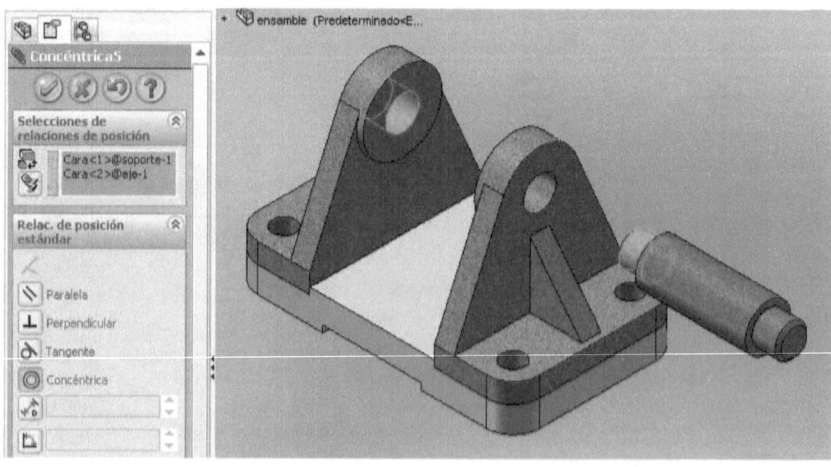

Para lograr centrar el eje entre los dos soportes seleccione en el menú de relaciones la opción de relaciones avanzadas. Seleccione la opción de ancho.
En la primera casilla se indicaran las selecciones que darán el ancho mayor, para esto seleccione las dos cara interiores de los soportes.

En el segundo recuadro deberán aparecer las caras externas del cilindro que serán las que indiquen la longitud a ubicar entre las caras interiores de los soportes.

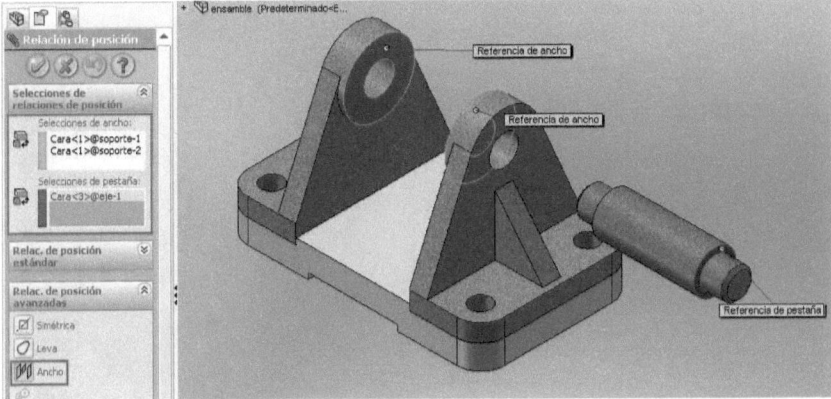

Con este eje ubicado definitivamente inserte la rueda y establezca una relación de concentricidad entre la cara exterior del eje y la cara interior de la rueda.

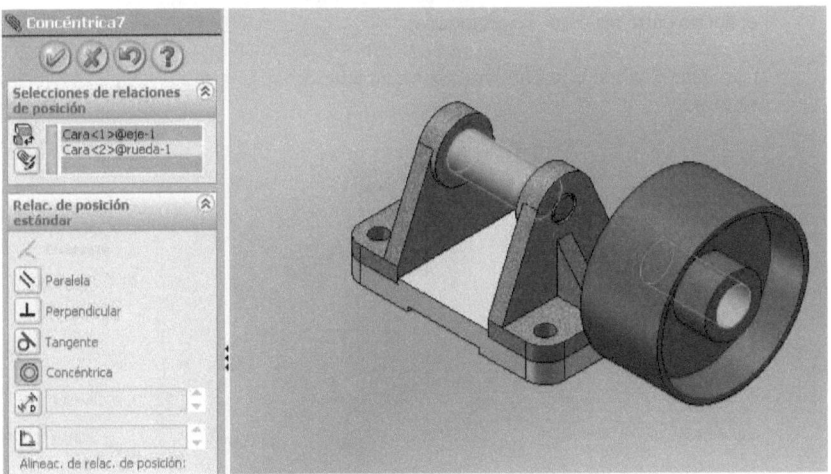

Con la rueda preubicada se deberá establecer una restricción final al ancho pero para ver una nueva forma de establecerla salga del menú de establecer restricciones y revise que ninguna cara esta seleccionada.

Seleccione las caras exteriores de la rueda y las caras interiores de cada uno de los soportes manteniendo presionada la tecla CTRL.

Con las cuatro caras seleccionadas de clic ahora en el icono de establecer restricciones y el software establecerá por defecto que es una restricción de repartir el ancho entre las caras seleccionadas.

Con esta relación el ensamble está totalmente definido y todas las piezas quedan en su lugar.

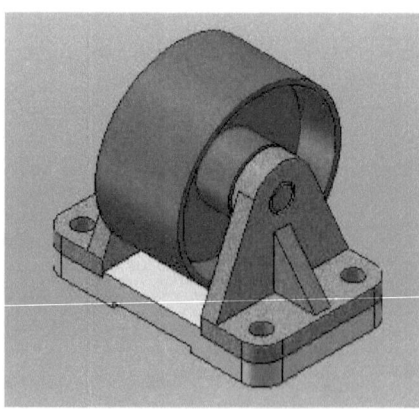

Una herramienta que puede ser útil es determinar si existe una interferencia entre alguna de las partes del ensamble para esto seleccione el icono de detección de interferencias.

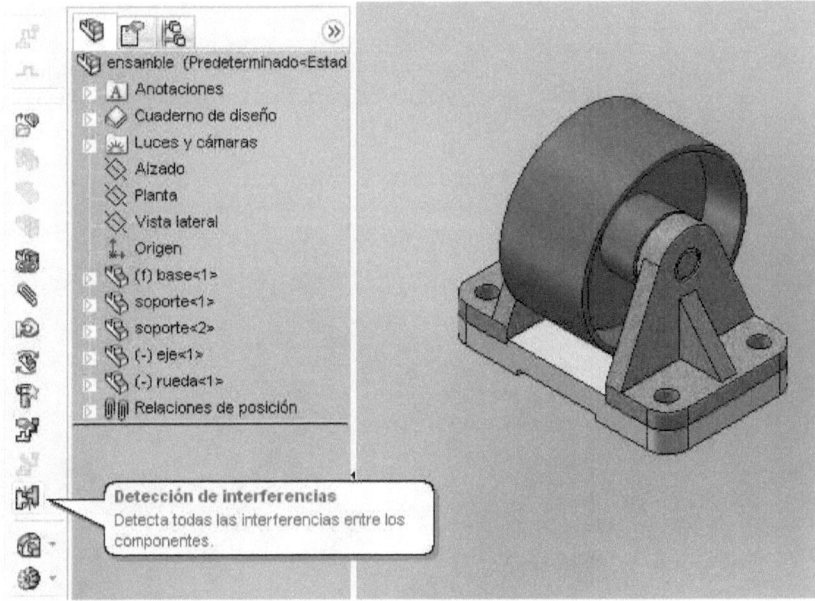

Al desplegarse una nueva ventana de clic en el menú calcular y revise que no existe ninguna interferencia entre las partes.

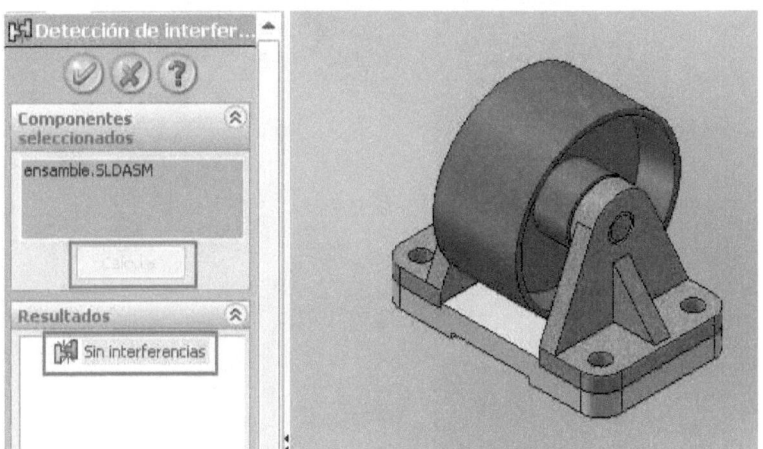

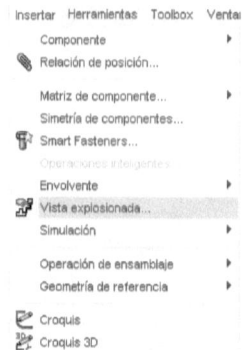

Otra herramienta dentro del ambiente de ensamble es la vista en explosivo, para generar una de esta debe buscar la opción de vista explosionada dentro del menú de insertar.

Al desplegarse la nueva ventana se podrán ir visualizando cada uno de los pasos de la explosión, la primera pieza a mover será la base.

De clic sobre la base y seleccione el vector vertical para manipular la base. Desplácela hacia abajo para separarla del resto de las piezas.

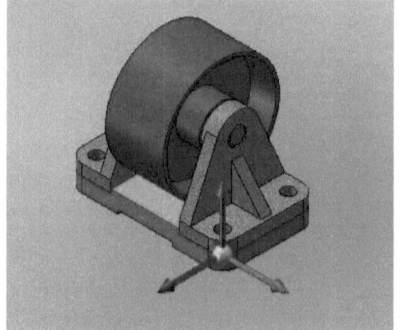

Desplace ahora los soportes hacia cada uno de los lados logrando de esta manera visualizar todas las piezas por separado.

Cada uno de los pasos de la explosión aparecerá en la ventana emergente a la izquierda de la ventana de diseño.

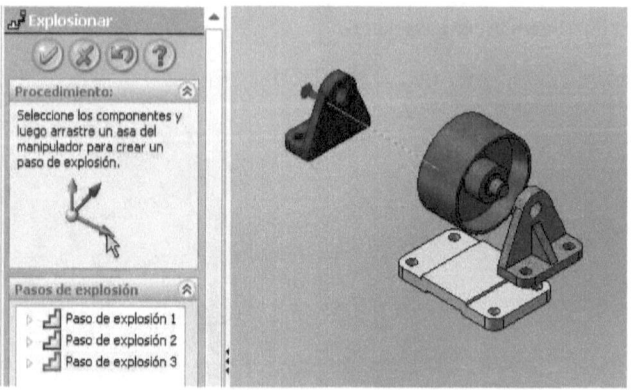

Para finalizar desplace el eje a una posición que permita verlo fuera de la rueda.

La vista en explosivo podrá ser útil para mostrar secuencias de ensambles o para visualizar mejor todas las piezas que conforman un ensamble.

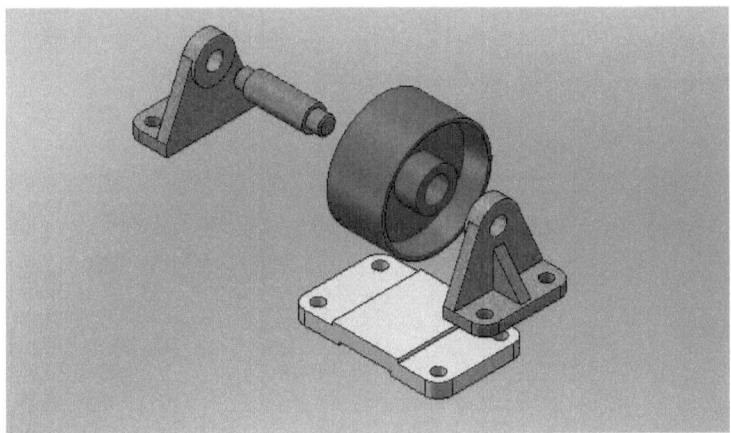

Para regresar a la vista inicial del ensamble deberá dar clic derecho sobre el icono de ensamble en el árbol de diseño y aquí seleccionar la opción de colapsar.
Para logar visualizar una simulación de la animación del ensamble seleccione la opción de colapsar animación o si esta ya colapsada visualizar la explosión.

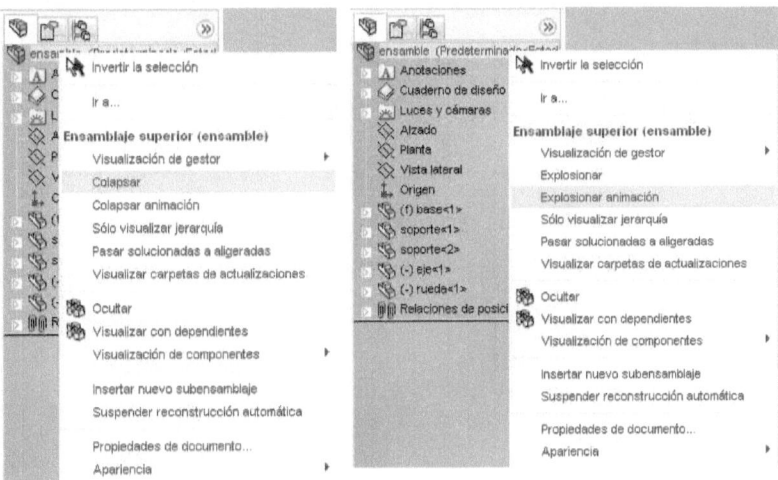

PLANOS TÉCNICOS

Operación: Vistas estándar, Vista proyectada, Vista de detalle, Vista de sección, Cotas, Cambios de escala, Vista de explosivos, anotaciones.
Herramientas: Edición de formato, BOM.

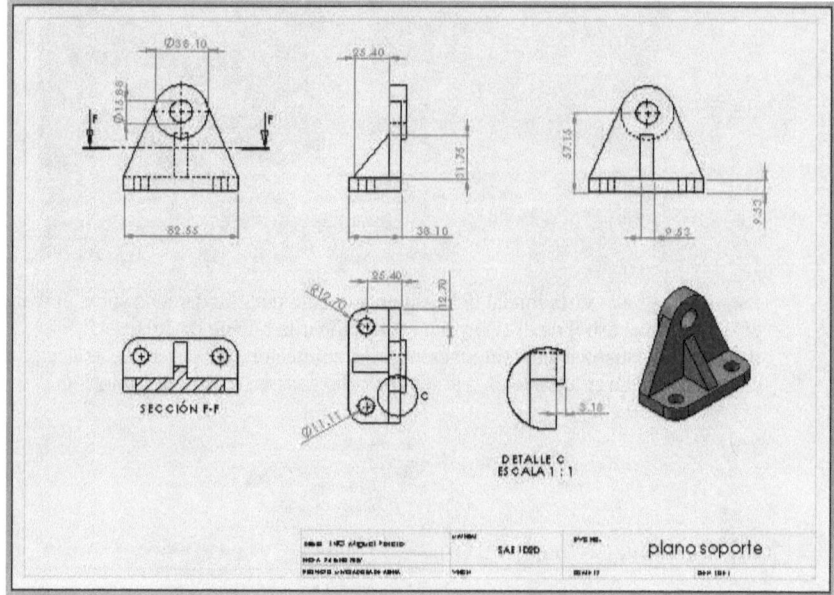

Al iniciar el programa busque el comando crear un nuevo archivo. Con este se desplegara una nueva ventana donde deberá seleccionar la opción de un dibujo 2D.

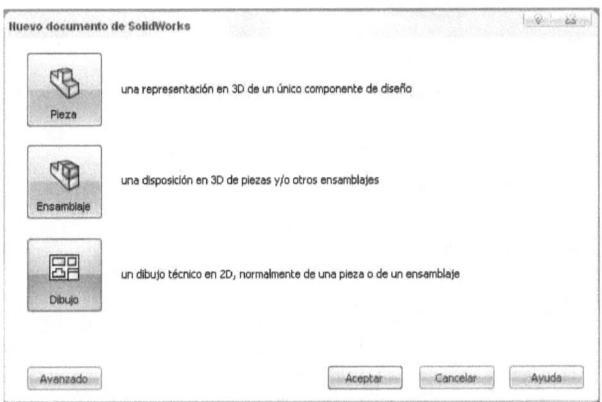

En la nueva ventana que se despega seleccione el formato y el tamaño de la hoja para realizar el plano técnico.

Para el ejemplo se utilizara un formato A4 horizontal.

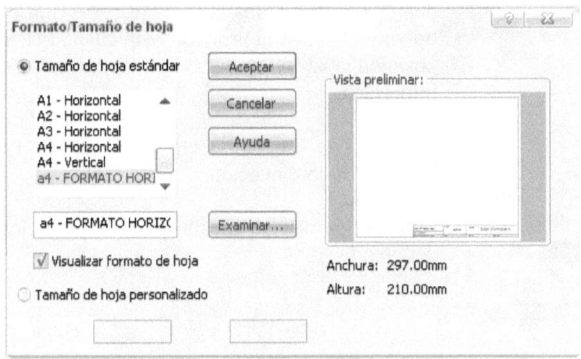

Para insertar las vistas de la pieza a la que se le quiere hacer el plano seleccione en la parte izquierda de la ventana de trabajo la opción de Examinar. Busque el archivo de la pieza o ensamble que requiera. En este caso el plano 2D se realizara para la pieza soporte del ensamble que se realizo anteriormente.

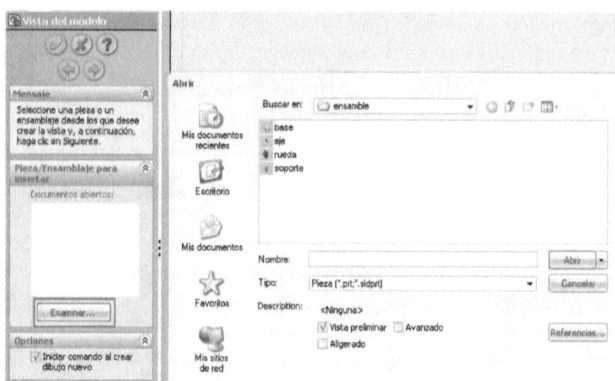

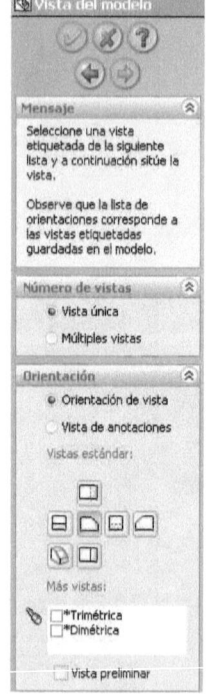

Al seleccionar el archivo del solidó se deberá establecer si se quiere importar una vista única o múltiples vistas.

Para este ejercicio seleccione vista única, las demás vistas se generaran a partir de esta.

Si la selección es de múltiples vistas seleccione cuales son las vistas del diseño que quiere importar.

Teniendo seleccionada la vista frontal en el espacio de plano aparecerá un cuadrado que representara la posición de la vista dentro del plano ubíquela en la parte central del espacio de trabajo. Ubicada la primera vista cuando cambie el cursor de posición aparecerán las vistas relativas a esta primera ya importada.

Realice este procedimiento para obtener las vistas que se muestran a continuación.

Arrastre las vistas para ubicarlas de la mejor manera dentro del plano.

78

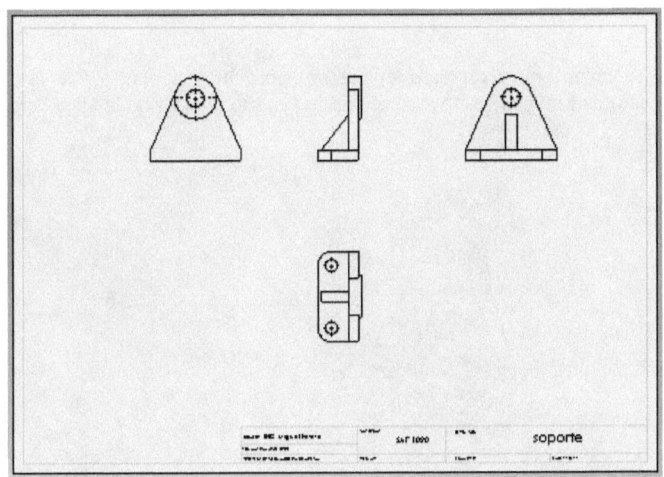

Para insertar otras vistas de la pieza seleccione el menú de Insertar Vista de dibujo y seleccione el tipo de vista que quiera utilizar.

Seleccione la opción vista proyectada, seleccione la vista derecha y desplace el cursor hasta encontrar una vista isométrica similar a la que se muestra a continuación.

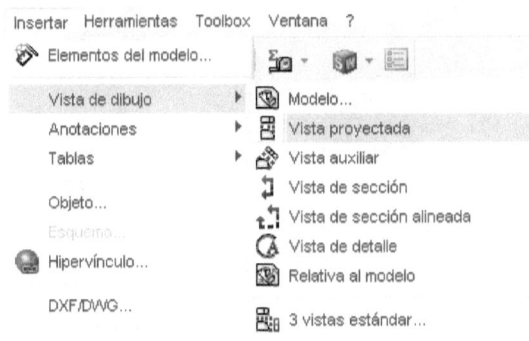

Para reubicar una vista pase el cursor sobre la vista hasta ver que aparece el indicador de mover vista. Arrástrelo hasta la parte inferior de la vista derecha.

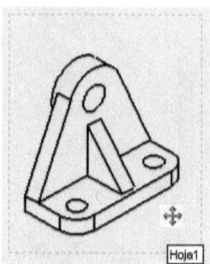

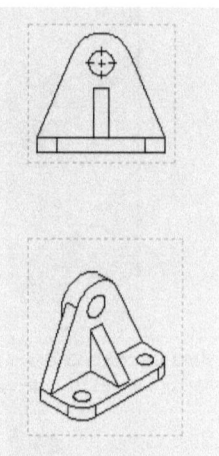

Teniendo seleccionada la vista ubique en el menú de la izquierda la opción de estilo de visualización sombreado con aristas.

Para visualizar líneas ocultas seleccione la vista que quiere afectar y en el menú estilo de visualización active líneas ocultas visibles. Seleccione todas las caras y deje las aristas visibles de cada una.

En la barra de croquis seleccione el icono de cota inteligente que le permitirá acotar las dimensiones de la vista que se necesiten.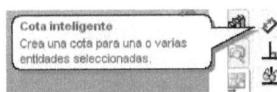

Inserte las cotas que sean necesarias en las vistas que tiene activas.

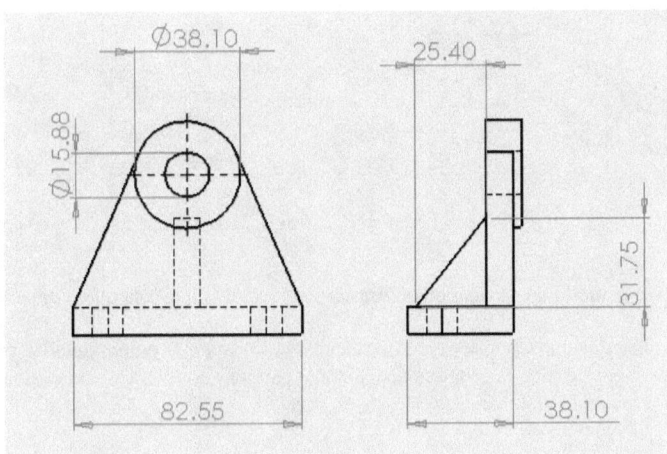

Para insertar una vista de detalle seleccione la cara que quiere detallar y dibuje un círculo en la zona del detalle seleccione en el menú insertar, Vista de dibujo, vista de detalle.

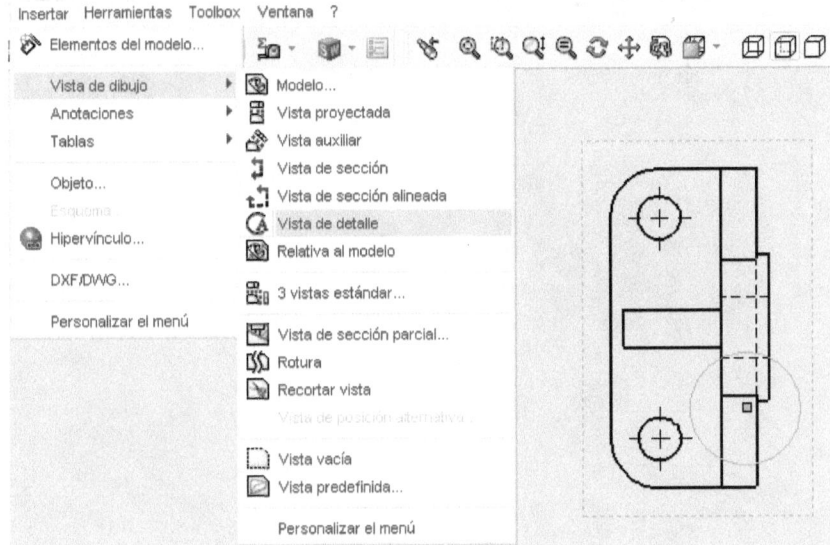

Dibuje el círculo en la posición mostrada para lograr acotar en este detalle el cambio de profundidad de la circunferencia superior.

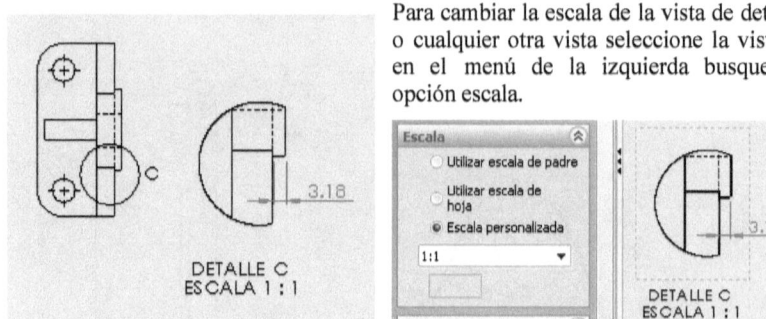

Para cambiar la escala de la vista de detalle o cualquier otra vista seleccione la vista y en el menú de la izquierda busque la opción escala.

Active el modo de escala personalizada y seleccione la escala que requiera.

Para insertar una vista de sección, seleccione la cara que quiere detallar y dibuje una línea sobre la zona que quiera seccionar. Teniendo la línea activada seleccione en el menú insertar, Vista de dibujo, vista de seccion.

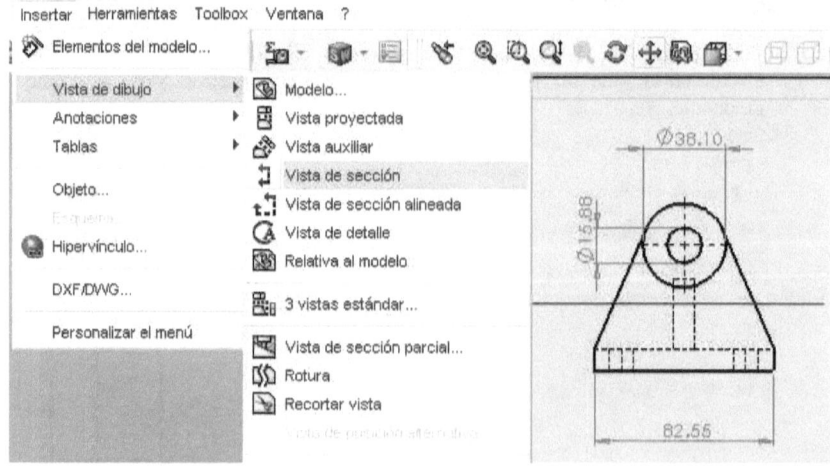

Desplace el cursor para ubicar la vista en la posición que desee.

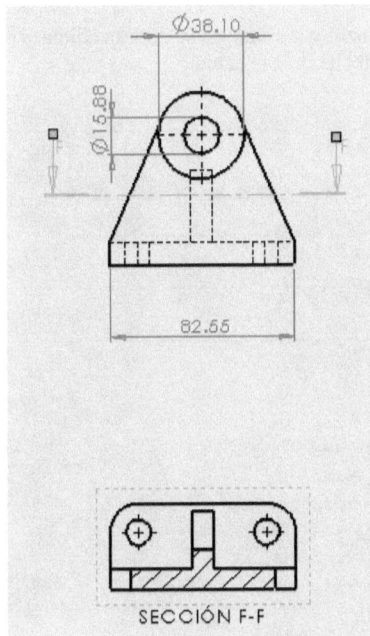

La dirección de la flecha indica la dirección en la que se observa el corte para cambiar la dirección de doble clik sobre el extremo de la flecha.

Se puede desplazar la línea para modificar el corte pero se debe actualizar la vista utilizando el icono reconstruir.

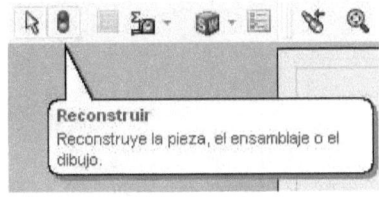

En el gestor de diseño aparecerá un árbol con todos los elementos que componen el plano, cualquiera de estos se puede modificar dando clik derecho sobre el mismo.

Para editar el formato de la hoja de trabajo de clik derecho sobre Formato de hoja y Editar formato de hoja.

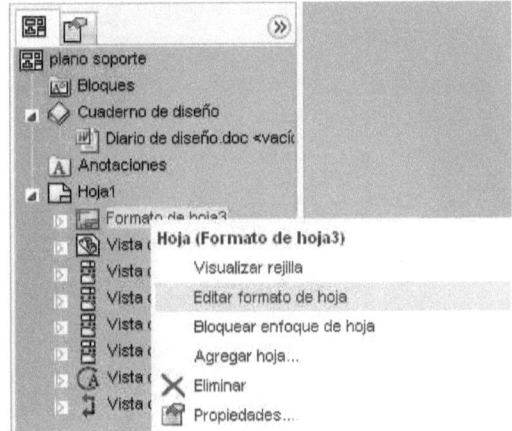

Todo el formato de la hoja se pondrá en color azul y los campos se podrán editar. Seleccione el campo de fecha y actualice a la fecha del día actual.

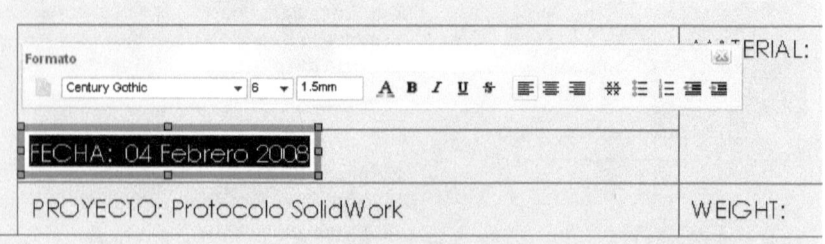

Para regresar al plano de trabajo de clik derecho sobre el icono de formato de hoja y en la opción editar hoja que está en el gestor de diseño.

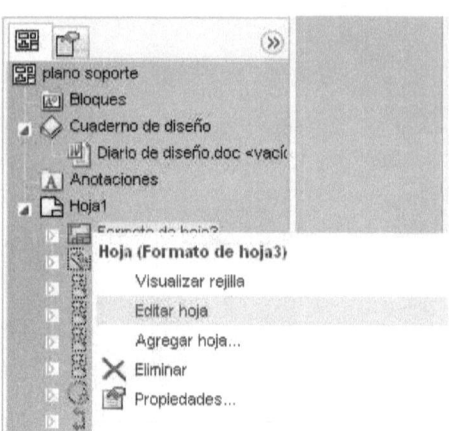

COMPLEMENTOS

Herramientas: Importar piezas estándar, Cosmos Express, formatos de exportación de archivos.

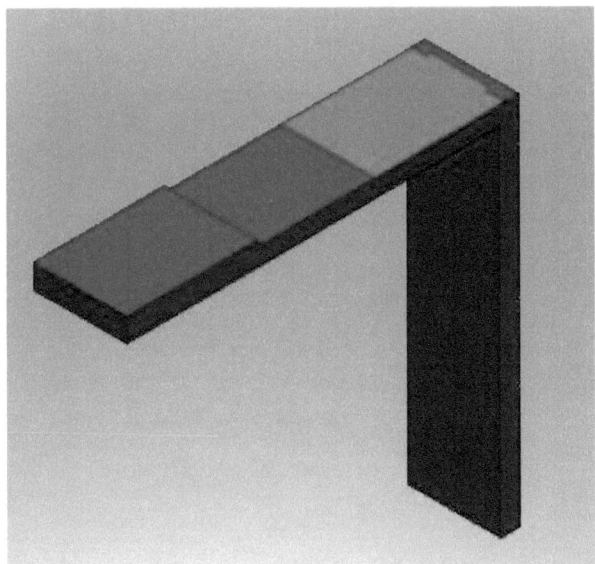

COMPLEMENTOS

TOOLBOX (Piezas estándar)

Todos los complementos de SolidWorks dan herramientas para facilitar el diseño de piezas o para utilizar piezas ya existentes en bases de datos que evitan tener que diseñar piezas estándares tales como piñones, tornillos o rodamientos.

Para poder utilizar los complementos es necesario garantizar que están activos en el programa, para esto de clic derecho sobre una de las barras de herramientas, se desplegara el menú de administrador de barras. En este revise que este activa la opción de panel de tareas, que le permitirá tener acceso rápido a los complementos a trabajar.

Para activar los complementos, dentro del menú herramientas seleccione la opción de complementos.

En el menú que se despliega con todos los complementos seleccione el de *Toolbox* y el *Toolbox Browser*, estos le permitirán acceder a la base de datos de piezas estándar y poderlas visualizar por el explorador del panel de tareas.

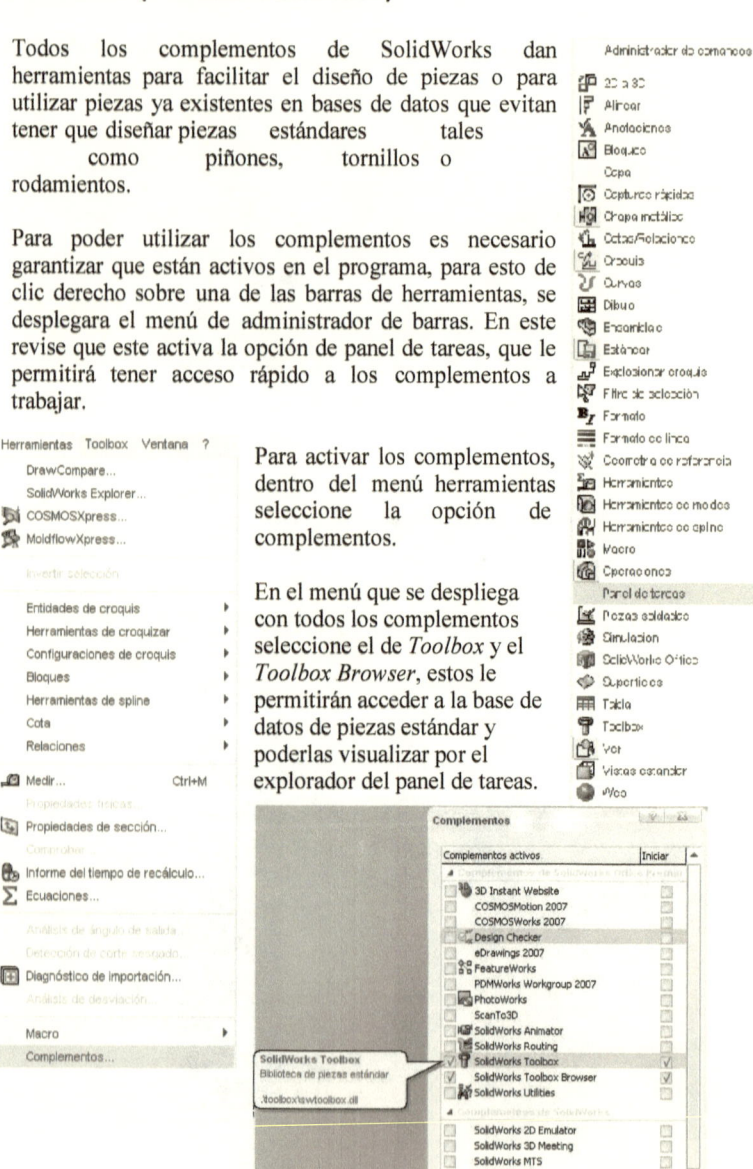

86

Con los complementos activos deberá generar un nuevo archivo de ensamble para poder insertar en este las piezas que se quieren importar.

Al tener activa la barra de panel de tarea se podrá seleccionar el acceso directo a la biblioteca de diseño.

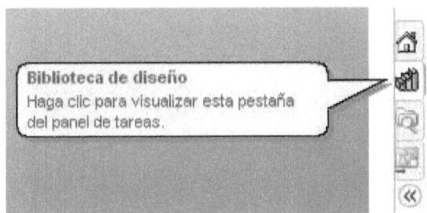 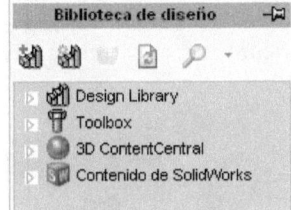

Dentro de las opciones de biblioteca de diseño se tiene dos herramientas para insertar piezas estándar, la primera el Toolbox y la segunda el 3D ContentCentral.

El 3D ContentCentral permite descargar de la red piezas estándares creadas por otros usuarios de SolidWorks o por empresas que modelan sus partes para que los diseñadores puedan vincularlas fácilmente a sus diseños, para esta opción será necesario tener disponible la conexión a Internet.

El de acceso más rápido es el Toolbox, el cual es una base de datos estándar que trae el programa y la cual permite seleccionar diversas piezas ya modeladas.

Al dar clic sobre el icono de Toolbox se desplegaran diversas carpetas con componentes agrupados según su tipo o fabricante.

87

Para el ejemplo importaremos un tornillo cabeza Bristol de ½" de diámetro y 2" de longitud.

El tonillo se encontrara la carleta Pulgadas ANSI, dentro de esta se encontraran arandelas, rodamientos, elementos de transmisión de fuerza y tuercas entre otros. Seleccione la carpeta de pernos y tornillos.

Se desplegaran varias carpetas con muchos tipos de tortillería.

Tornillos de cabeza de Avellán, de cabeza hexagonal o tornillos de cabeza cuadrada son parte de la variedad de tipos de tornillos que se podrán seleccionar.

Dentro de las diversas opciones de tornillo seleccione la de tornillos de cabeza hueca.

Dentro de esta carpeta se encontraran tornillos Bristol de cabeza semiesférica, avellanados o con tope en la cabeza.

El tornillo que se requiere se encontrara dentro el grupo de tornillos de fijación de cabeza hueca.

Seleccione el icono del tornillo y arrástrelo hasta la ventana de diseño.

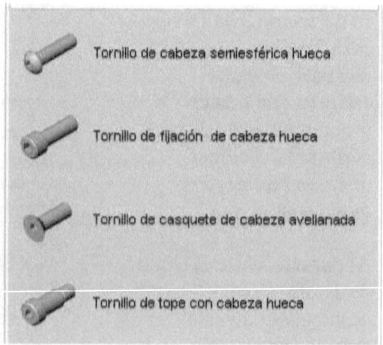

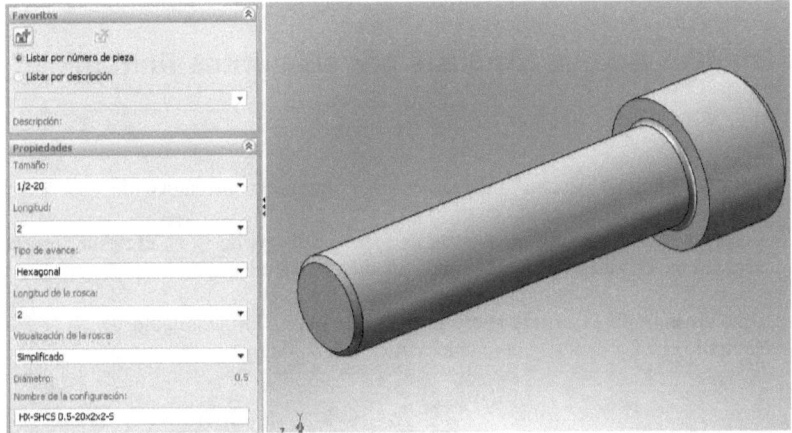

Con el tornillo insertado se desplegara una ventana que permitirá configurar el tornillo según se requiera, en el tamaño se indicara su diámetro nominal y a continuación la longitud del tornillo, la longitud de la rosca y el tipo de visualización.

El simplificado solo mostrará la representación del cilindro del tornillo mientras el esquemático modelara también los hilos de la rosca.

COSMOS Xpress (Análisis por elementos finitos)

Esta herramienta permite analizar el comportamiento mecánico de una pieza al someterá bajo un esfuerzo.
La pieza a analizar será un soporte de pared en forma de L, en el primer escenario será sin pie de amigo y en el segundo añadiendo uno de estos.

Para crear la pieza genere sobre el plano de planta un rectángulo de 50 X 5mm centrado en el origen y genere una extrusión de 200mm.

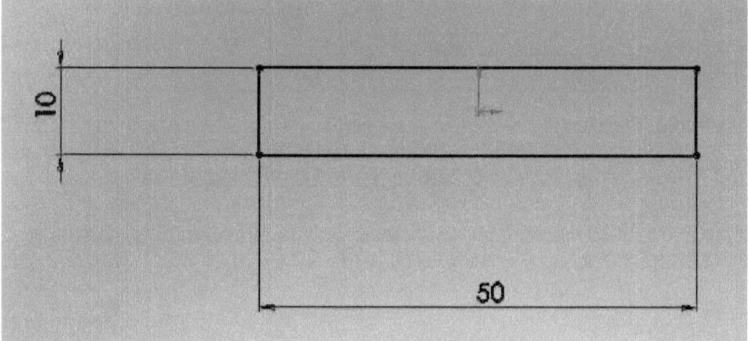

Esta extrusión generara el brazo vertical del soporte.

En la cara frontal de este solidó dibuje otro rectángulo de 50 X 10mm para generar el soporte horizontal. Y genere una extrusión de 200mm.

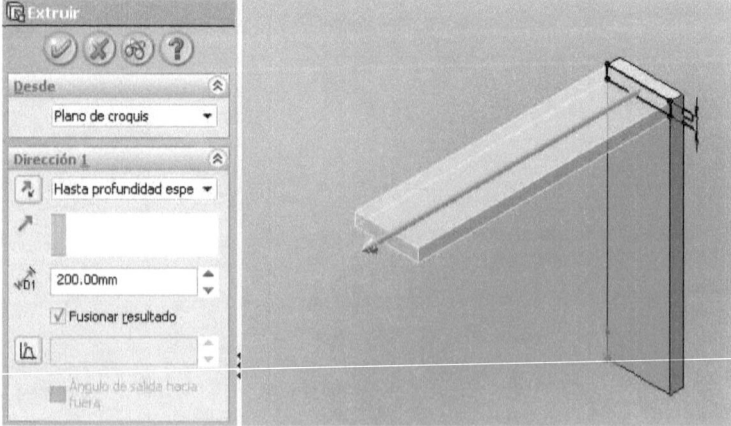

En el extremo lejano de la cara superior del soporte genera una extrusión del ancho del soporte de de 70mm de longitud, seleccione una altura de 3mm esta será la superficie sobre la cual se aplicara la carga.

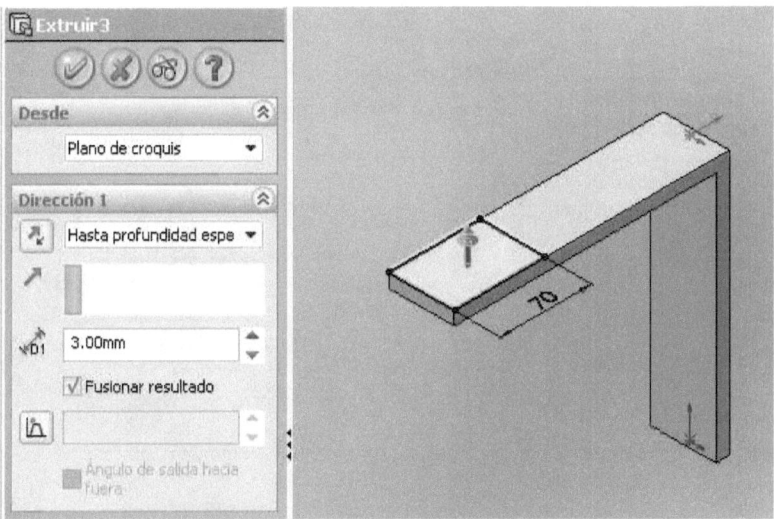

Con la pieza creada seleccione dentro del menú herramientas la opción de COSMOSXpress. Al seleccionar esta herramienta se desplegara una ventana que servirá para configurar el análisis.

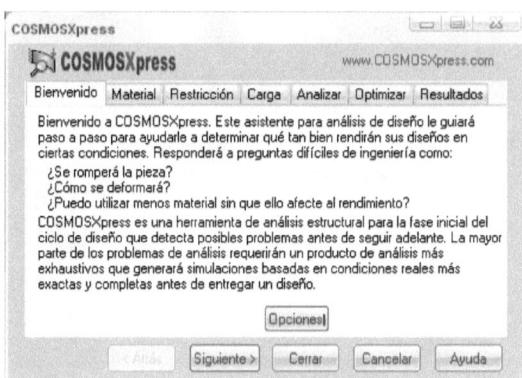

El primer parámetro a configurar será el de material, seleccione dentro del árbol de materiales la familia de los aceros y dentro de este el acero SAE 1020.

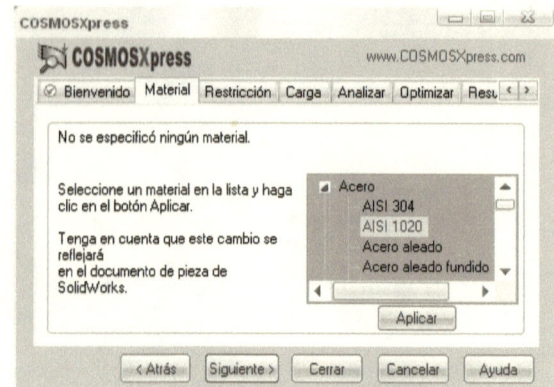

Luego se deben establecer las restricciones de movimiento de la pieza.

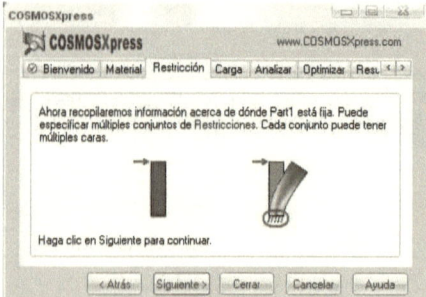

Al dar clic en el botón siguiente se desplegara una ventana donde se debe seleccionar la cara fija del modelo. Para nuestro caso seleccione la cara posterior que seria la que quedaría ubicada contra la pared.

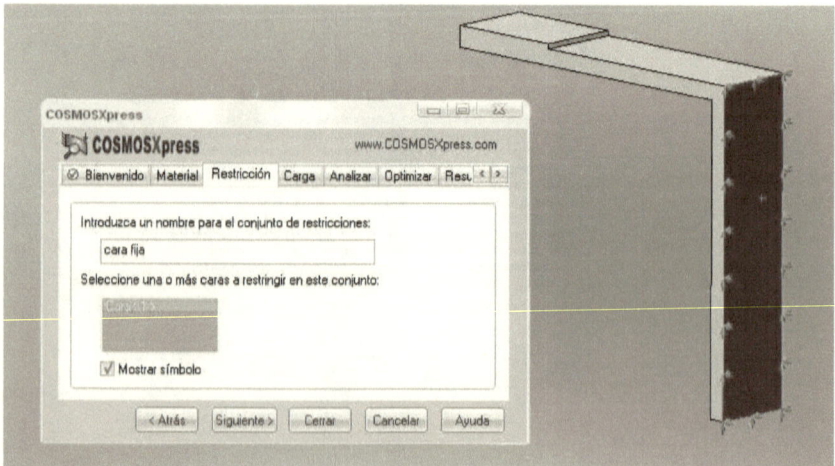

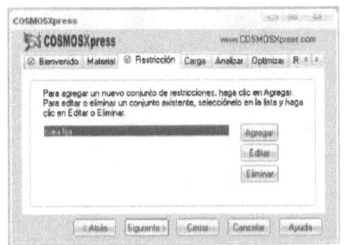

A continuación se mostraran las restricciones creadas, si desea editar la restricción o crear otra utilice los comandos de agregar o editar.

Si todas las restricciones son las adecuadas continué con el botón siguiente.

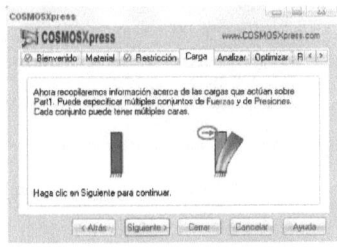

En el siguiente proceso se establecerá la magnitud y dirección de la carga que se aplicara. Para el ejemplo aplicaremos una fuerza.

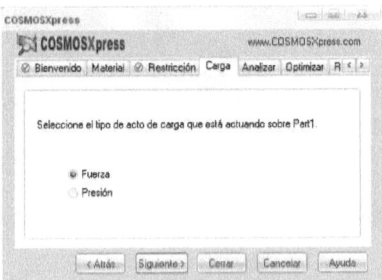

Como siguiente paso se deberá establecer cuál es la cara sobre la cual se aplicara la carga.
Se deberá seleccionar la cara superior de la extrusión creada sobre la cara horizontal del soporte.

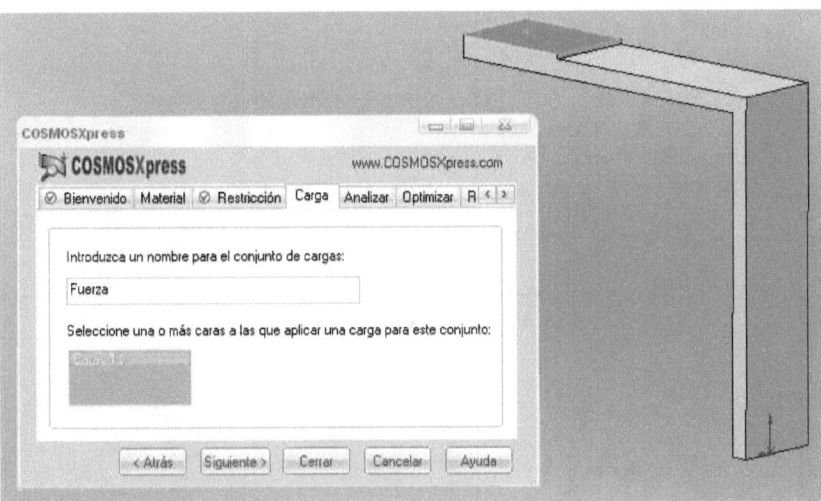

93

Como dirección para aplicar la fuerza ser seleccione normal a la cara y seleccione una magnitud de 1000 N

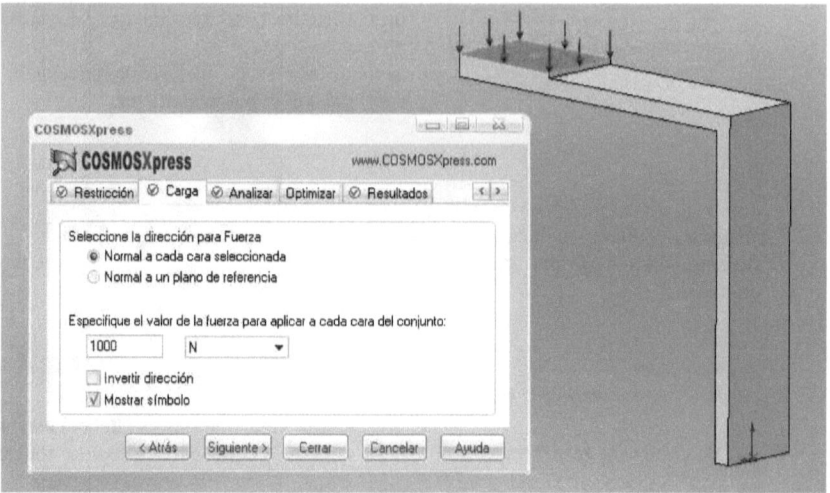

Con esta información se completara la configuración de la carga aplicada. A continuación se mostraran las cargas creadas, si desea editar la carga o crear otra utilice los comandos de agregar o editar.

Si todas las restricciones son las adecuadas continué con el botón siguiente.

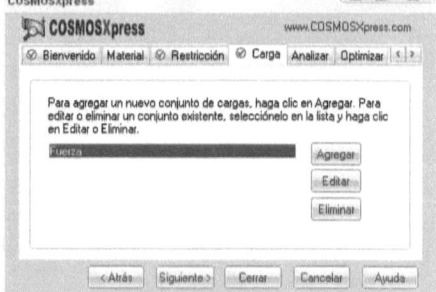

Con todos los parámetros configurados se procederá a hacer el análisis de la parte seleccione la opción de ejecutar el análisis.

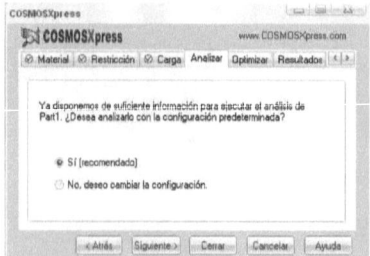
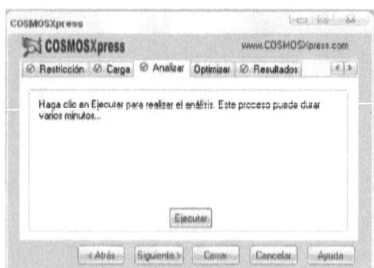

94

Con el análisis terminado el programa mostrara el factor de seguridad más bajo de su diseño lo cual le permitirá evaluar como la geometría de la pieza se comporta sobre la carga.

Cambie el valor de del FDS y de clic en mostrar, esto permitirá identificar cuáles son las partes del diseño más vulnerables a la falla.

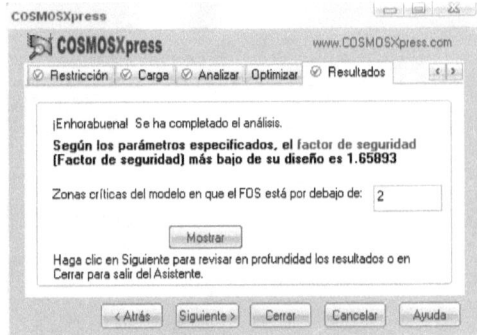

Al mostrar el análisis podrá ver en color rojo las partes de la pieza que están por debajo de 2 veces el factor de seguridad. Siendo estas las zonas por donde podría fallar el diseño.

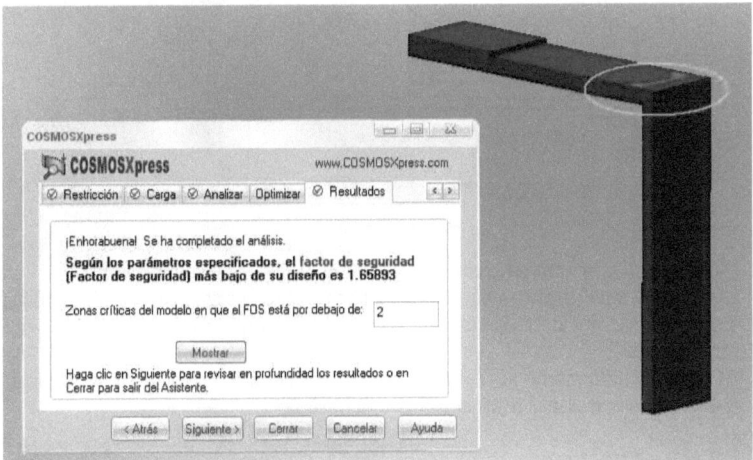

Termine con el proceso de análisis y regrese a la ventana de diseño.

Seleccione el plano de vista lateral para dibujar aquí un nervio que forme el pie de amigo.

Seleccione una longitud de 145mm tanto vertical como horizontalmente.

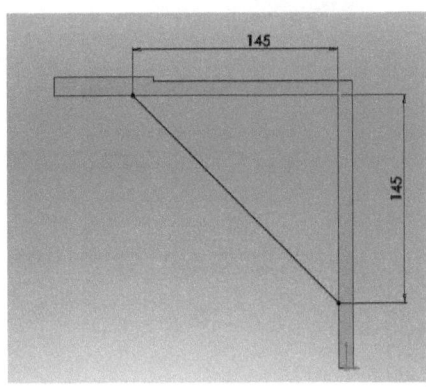

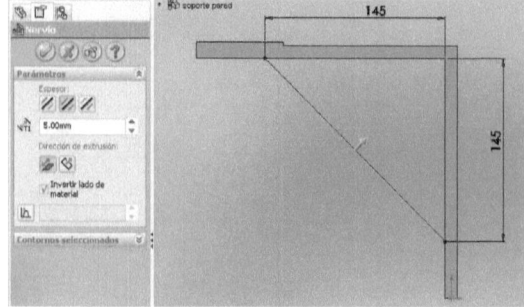

Seleccione un espesor de 5mm al nervio creado.

Con el pie de amigo creado seleccione de nuevo la herramienta de COSMOSXpress y realice el análisis bajo las mismas condiciones a las seleccionadas en la corrida anterior.

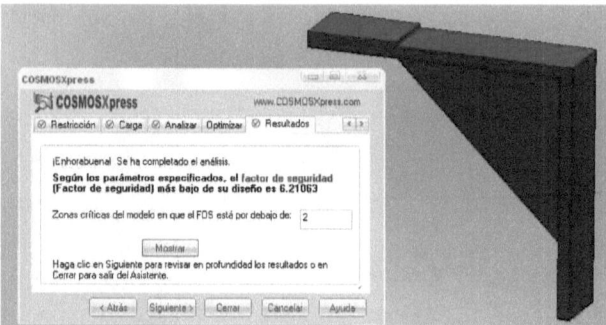

Fíjese que al adicionar el pie de amigo ahora el factor de seguridad más bajo pasó de 1.6 a 6.2 lo cual implica una gran mejora mecánica para el diseño. Al analizar todas las zonas el color de todas es azul locuaz indica que todas están sobre el factor de seguridad de 2.

Al pasar a evaluar bajo las zonas que estén por debajo de un factor de seguridad de 7 aparecen nuevas zonas rojas al inferior del diseño.

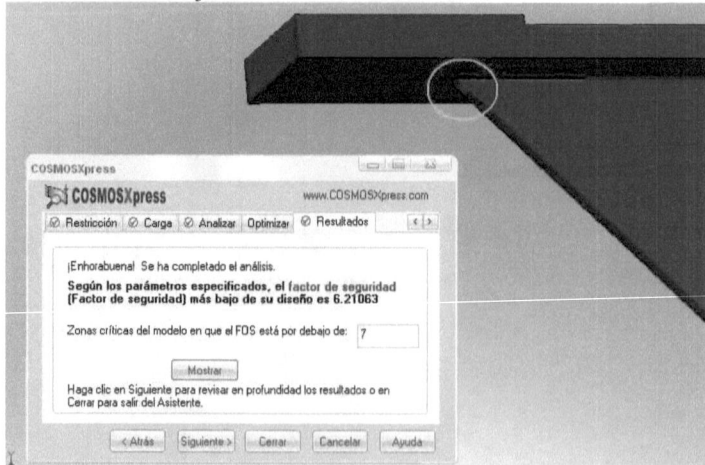

96

MASTERCAM

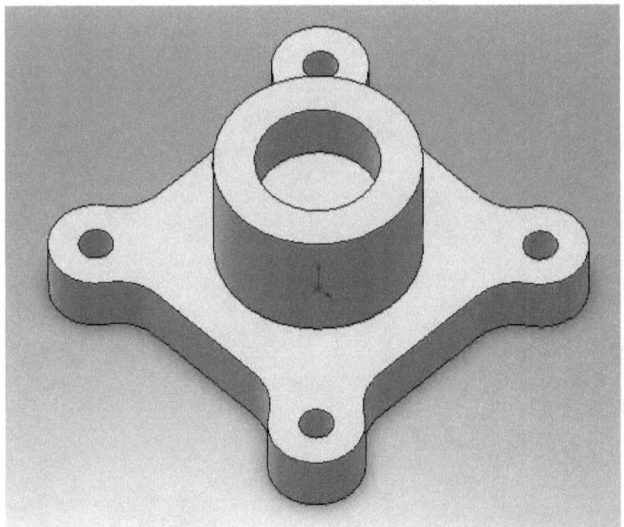

El programa MasterCAM permitirá simular el proceso de maquinado de piezas en maquinas CNC fresadoras, tornos o electroerosionadoras de hilo.

Los ejercicios que se trabajaran serán desarrollados en el modulo de fresadora por el tipo de pieza seleccionada.

EL BOCETO

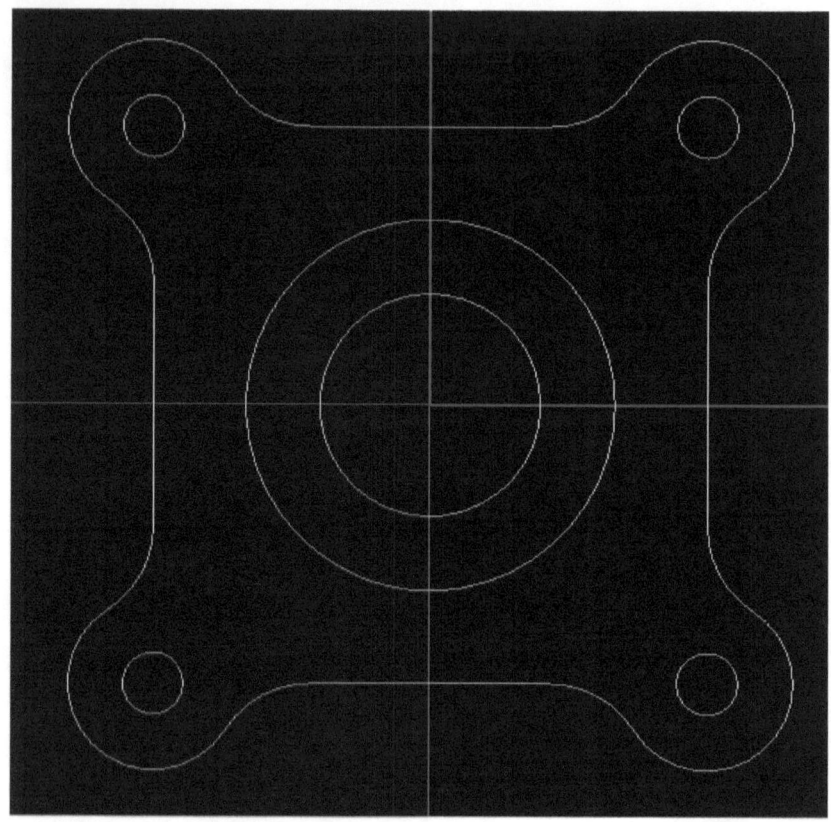

El boceto

En esta parte se trabajaran los conceptos de:

      Selección de vista para líneas guías de trabajo.
      Configuración de sistema de unidades.
      Dibujo de líneas. Dibujo
      de cuadrados. Dibujo de
      circunferencias.
      Modificaciones de entidades.
      Creación de Fillets.

El primer paso para trabajar en el software es configurar las unidades de trabajo para esto en el *Main Menu* seleccionar la opción *Screen* y *Configure,* en la ventana que se despliega seleccione las unidades Métricas que se encuentran en el extremo inferior izquierdo.

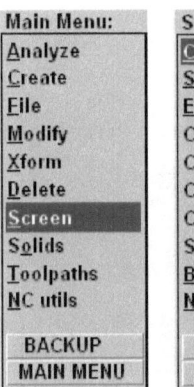
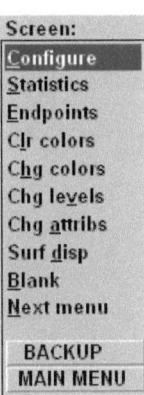

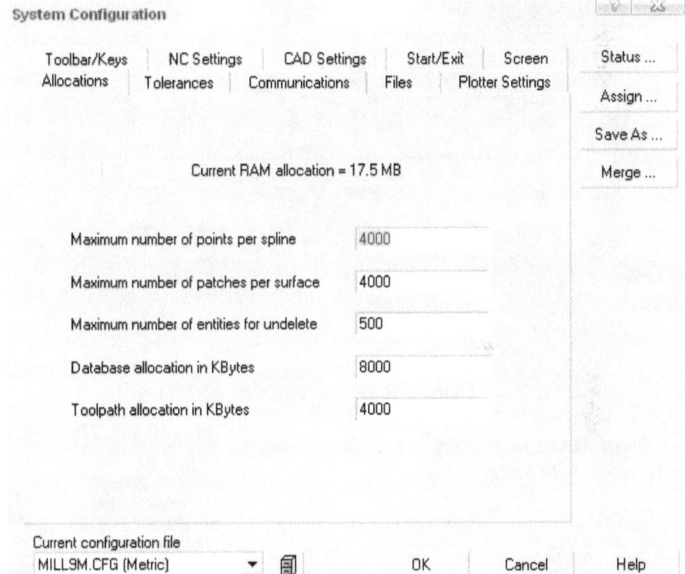

El trabajo en MasterCAM se basa en la utilización de coordenadas cartesianas para el diseño de las líneas guías y el mando de los desplazamientos de las herramientas, para activar el sistema cartesiano presione la tecla **F9**.

Para iniciar el diseño del proceso de maquinado es necesario seleccionar una vista de la figura que logre mostrar las líneas guías de las operaciones, para la este caso la mejor vista será la de techo.

Esta vista se dibujara en el plano de trabajo de *Master CAM.*

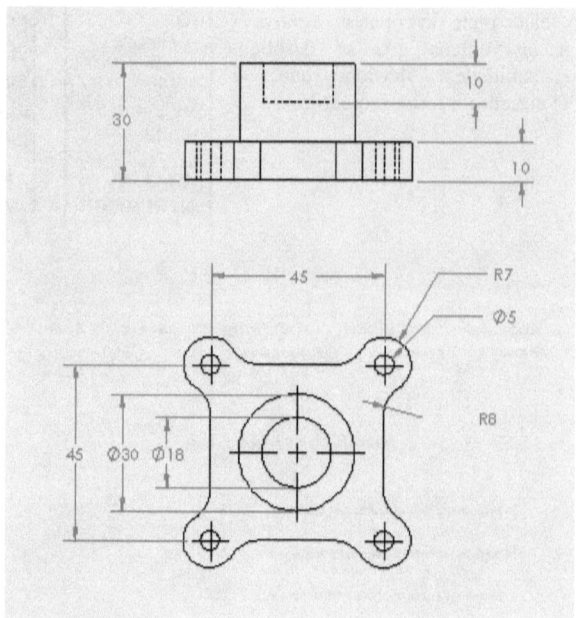

La primera parte a dibujar será el cuadrado exterior de 45mm.

En el *Main Menu* seleccione la opción *Create,* y posteriormente *Rectangle.*

El rectángulo a crear será referenciado al sistema a partir de su centro por lo que se deberá seccionar la opción de *1 Point*

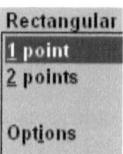 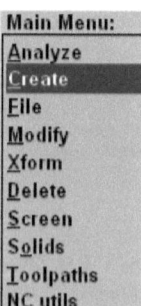 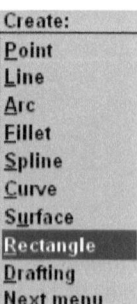

100

Se determinan las dimensiones del rectángulo y se selecciona el punto de referencia desde el cual se va a fijar.

Para este caso el cuadrado amarillo del centro de la venta indica que el punto re referencia del rectángulo será su centro.

Al acercar el cursor al origen del plano cartesiano en la columna de la derecha se activa la opción origen la que me indica que el centro del cuadrado será coincidente con el origen del sistema cartesiano.

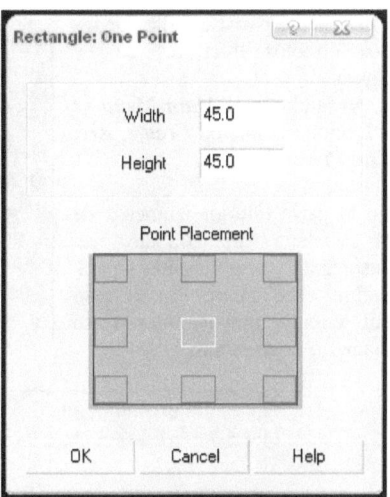

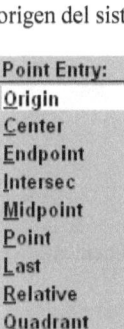

Si el rectángulo se necesitara fijar a otro punto de referencia este se puede seleccionar de este mismo menú. Por ejemplo al centro de un arco al fin de una línea o a la intersección de varias entidades.

Con el icono de Screen Fit se puede ajustar el Zoom de la pantalla para visualizar todo el rectángulo

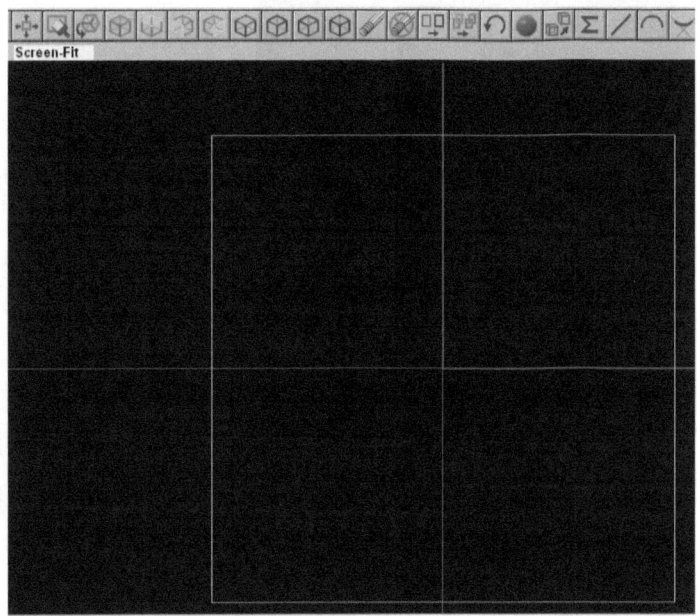

El siguiente paso será dibujar los dos círculos interiores de la figura.
Regresando en el *Main Menu* se selecciona la opción *Create*, *Arc*, *Circ Pt + diam* .

En la parte inferior izquierda de la ventana de trabajo se desplegara una casilla para definir el diámetro. En el caso del circolo mayor interior su diámetro es de 30mm.

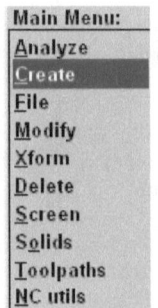

Enter the diameter 30
(or X,Y,Z,R,D,L,S,A,?)

Circle, with center/diameter: Enter the center point

Luego de definir el diámetro le pedirá definir el punto central del círculo, al acercar el cursor al origen se activara la opción *Center* en el menú de la izquierda lo que le indicará que el circulo quedara referenciado a partir de su centro y coincidente con el origen del plano cartesiano.

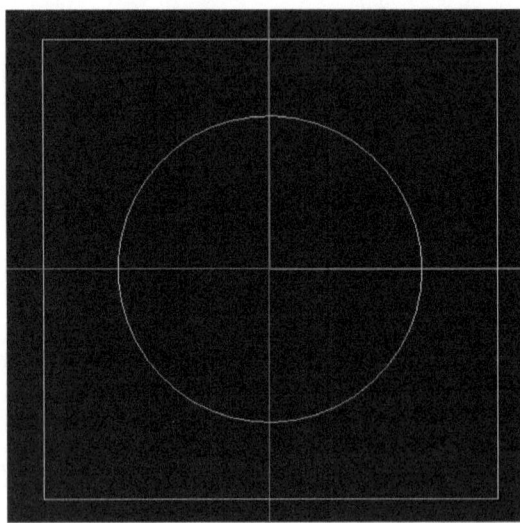

De a misma forma realice el círculo interior de 18mm y relaciónelo de la misma forma con el origen del plano cartesiano.

Para construir os 4 círculos exteriores de 14mm, cambie el diámetro y en el momento de referenciar el centro acérquese a cada una de las esquinas del cuadrado, cerciorándose que antes de dar clic sobre el vértice se active la relación de *endpoint* en el menú de la izquierda.

Modifique el diámetro de nuevo y ahora realice los círculos menores de 5mm. La figura resultante será la siguiente.

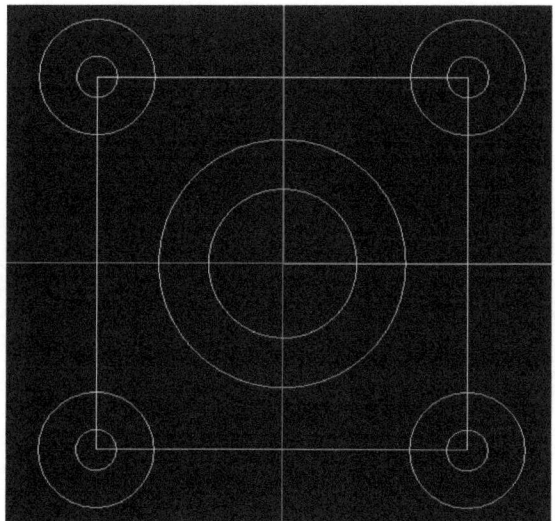

Para poder indicar de una forma adecuada las rutas de la herramienta se deberá dividir las entidades creadas en todas sus intersecciones, para esto deberá, estando en el *Main Menu* seleccionar la opción de *Modify, break, At inters, All, Entibies, Done.*

Main Menu:	Modify:	Break:	Select entities	All:	Select entities
Analyze	Fillet	2 pieces	Unselect	Points	Unselect
Create	Trim	At length	Chain	Lines	Chain
File	Break	Mny pieces	Window	Arcs	Window
Modify	Join	At inters		Splines	
Xform	Normal	Spl to arcs	Area	Surfaces	Area
Delete	Cpts NURBS	Draft/line	Only	Solids	Only
Screen	X to NURBS	Hatch/line	All	Entities	All
Solids	Extend	Cdata/line	Group	Color	Group
Toolpaths	Drag	Breakcir*	Result	Level	Result
NC utils	Cnv to arcs		Done	Mask	Done

Aparecerán unas cruces blancas en todas las intersecciones lo que indicara que todas las entidades fueron divididas tal como se quería.

En la barra superior de comandos seleccione el de borrador para eliminar todas las líneas que no serán usadas como líneas guías para las operaciones de maquinado.

Tenga cuidado al borrar las entidades debido a que si borra alguna que es necesaria deberá reconstruirla.

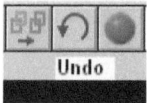

Puede utilizar el botón de deshacer sin embargo puede que solo reconstruya la última operación.

103

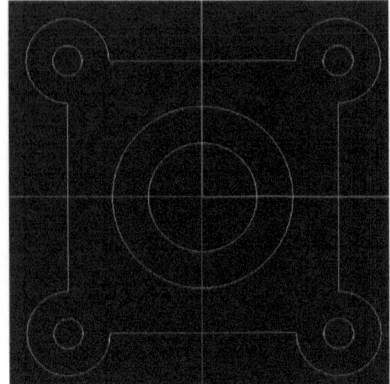

Al borrar las líneas que no son útiles para el proceso de maquinado ya está listo para agregar los redondeos de los vértices que se forman entre los círculos exteriores y las aristas del cuadrado.

En el *Main Menu* seleccione *Create, Fillet.*

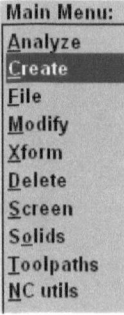 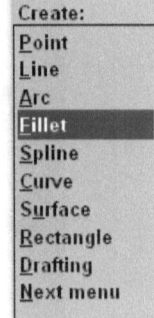

Se desplegara un nuevo menú en el cual podrá editar el radio del redondeo que quiere hacer.

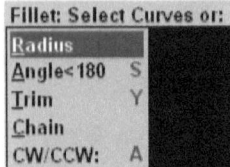

Cambie el radio a 8mm para realizar la operación.

Seleccione una de las aristas del cuadrado y el segmento de circulo que desea modificar, aparecerán 4 posibles fillet con respecto a esta dos entidades, seleccione la que requiriere y repita el proceso con todas las demás intersecciones.

Al terminar tendrá el conjunto de todas las líneas guías que requiere para realizar las operaciones de mecanizado.

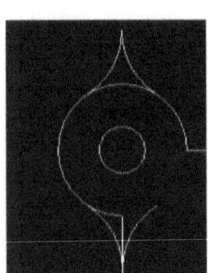

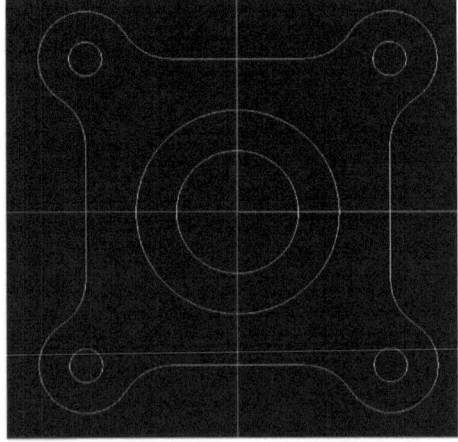

104

EL BLOQUE DE MATERIAL

En esta parte se trabajaran los conceptos de:

    Definición del tamaño de la materia prima.
    Ubicación del origen de la pieza.
    Selección del material a trabajar.

Con el boceto de la vista necesaria lista se procederá a especificar todo lo referente al bloque de materia prima a trabajar.

En el *Main Menu* seleccione la opción de *Toolpaths y Job Setup*

En la ventana que se despliega podrá indicar las medidas de largo ancho y alto del bloque así como las coordenadas del punto de referencia del bloque.

Para esta figura las dimensiones serán de 60mm en Y 60mm en X y 32 En Z.

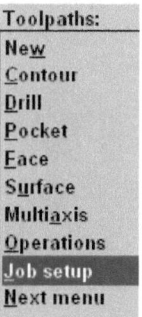

Estas dimensiones permitirán que se tenga un exceso de material suficiente como para lograr dar un buen acabado a todas las partes de la pieza.

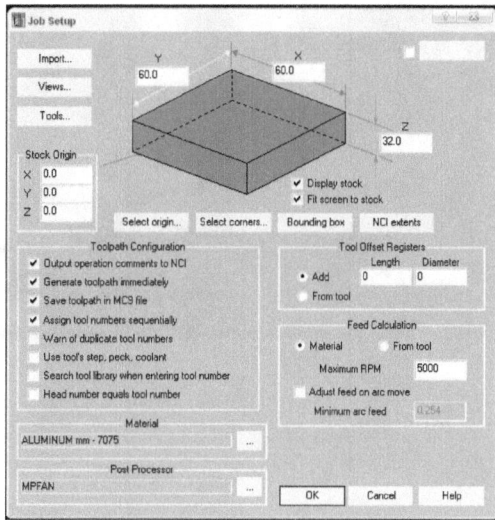

En el extremo inferior izquierdo se podrá seleccionar el material del que se pretende hacer la pieza. Para este caso el material es aluminio 7075.

Con este proceso se habrá definido completamente el material a trabajar.

Al darle OK a la ventana de Job Setup aparecerá el boceto anteriormente dibujado encerrado entre unas líneas rojas punteadas que indicaran el tamaño de material a trabajar.

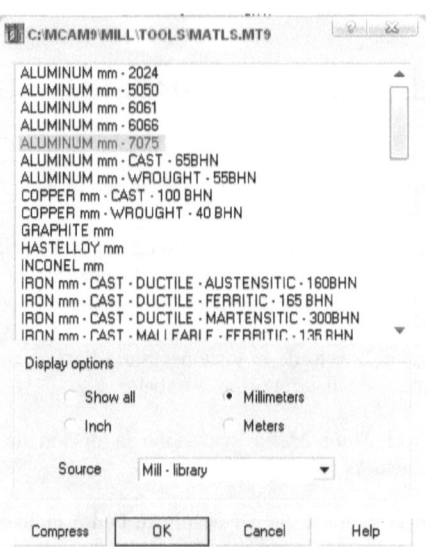

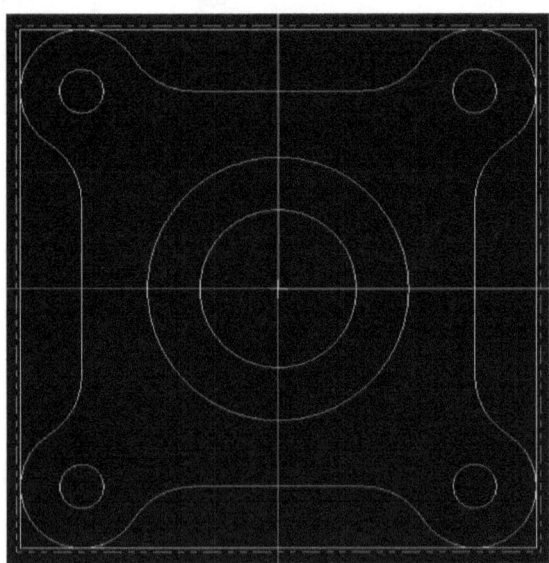

El MAQUINADO

En esta parte se trabajaran los conceptos de:

    Selección de la operación.
    Selección de la línea guía.
    Selección y configuración de la herramienta.
    Configuración de los parámetros de mecanizado.

Estando en el Main Menu seleccione la opción de Toolpaths

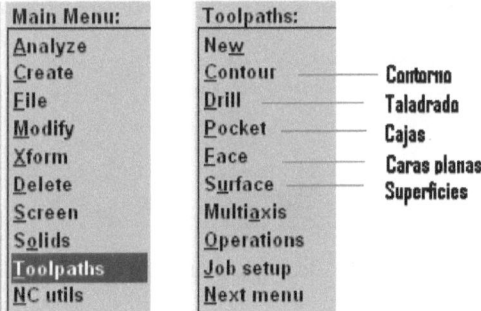

Dentro de las operaciones que se trabajaran para esta pieza están:

La primer operación que se realizara para esta pieza es la de hacer que la cara superior de la pieza tenga una buen plenitud para esto se hará una operación de *face*.

En el menú ***Toolpahts*** seleccione la opción *face*. Seleccione la línea guía para la operación en este caso será el circulo interior de 30mm, cuando este se ponga en blanco seleccione en el menú de la izquierda la opción ***Done***.

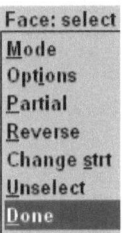

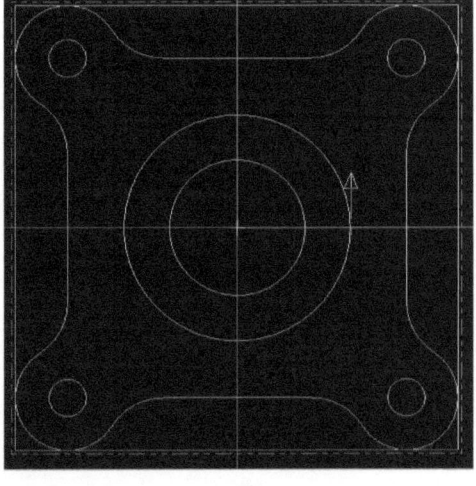

Seleccionada la línea guía de la operación se desplegara una nueva ventana que representara el porta herramientas, sobre la casilla grande blanca de click derecho y selección la opción de traer una nueva herramienta desde la librería.

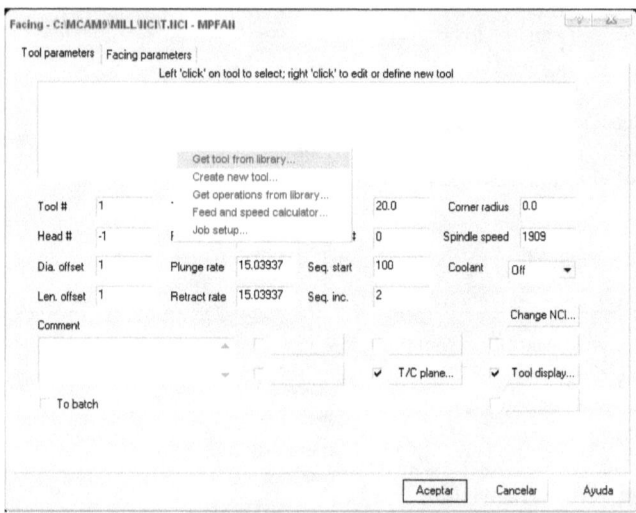

Para esta operación seleccionaremos un escariador de fondo plano Endmill flat de 20mm de diámetro.

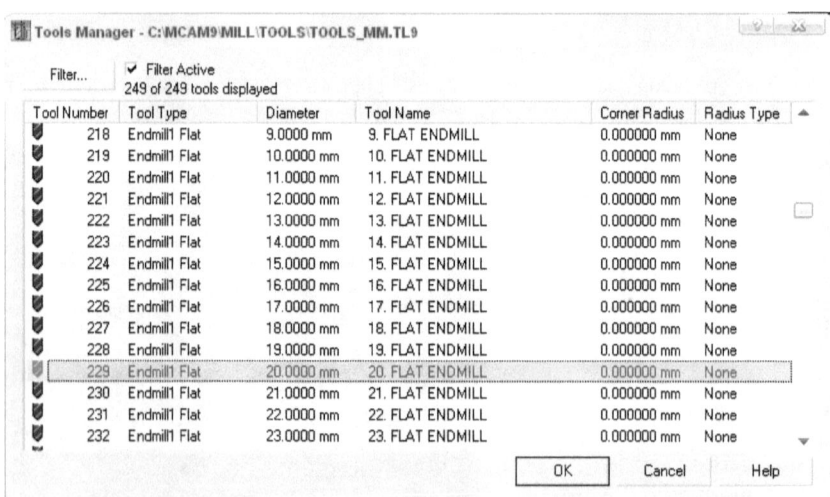

Sobre la ventana del portaherramientas aparecerá la herramienta que se acaba de llamar de la librería, dando clik derecho sobre la herramienta se podrá visualizar su forma geométrica. Diámetro, Hombro y flauta entre otros.

Para configurar el material de la herramienta y su refrigeración seleccione la pestaña superior de **Parameters** de herramienta.

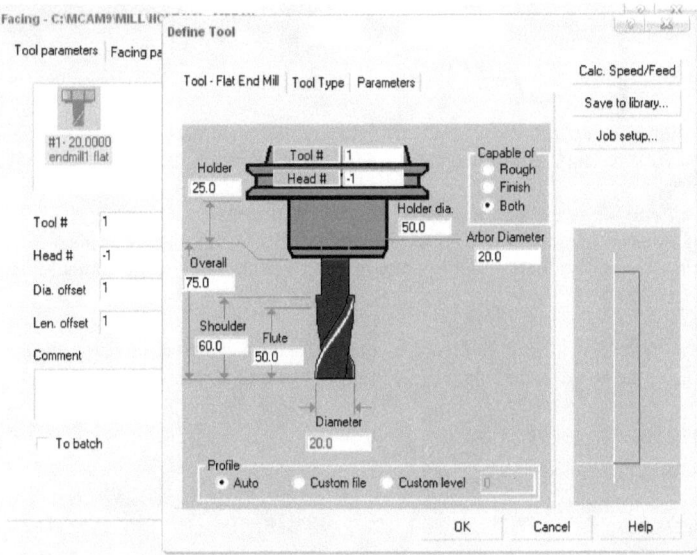

En la pestaña de material seleccione el tipo de material de la herramienta para este caso será un escariador de HSS.

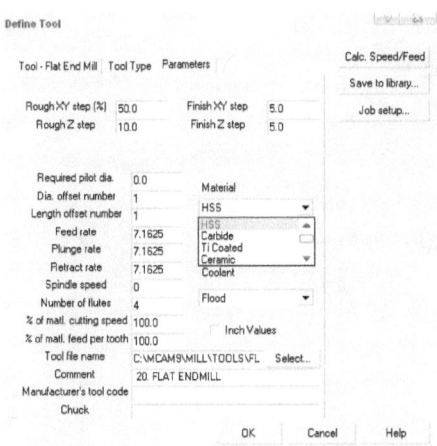

109

Con la herramienta ya configurada solo basta el último paso de toda operación que es configurar las alturas de trabajo y los detalles de los recorridos de las herramientas. Para esto selección en la pestaña operación el link a parámetros de la operación de *Face*.

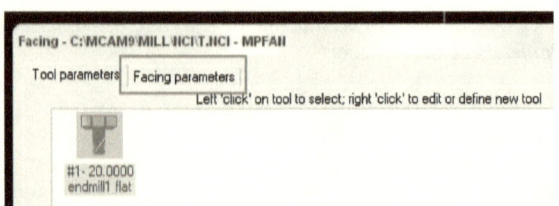

En la ventana que aparece se pueden configurar todas las alturas de trabajo.
La altura *Retract* será la altura a la que regresa la herramienta después de realizar una operación.
La altura *Feed plane* es la altura a la que herramienta comienza a girar.
El *top of stock* es la altura a la cual se encuentra el borde superior de la pieza.
El *Depth* es la profundidad de la operación con respecto al origen establecido en el *Job setup*.

Para esta operación lo que se busca es dar un buen acabado a la parte superior de la pieza por lo que se quitara el exceso de 2mm, por esto el *Depth* es de -2.

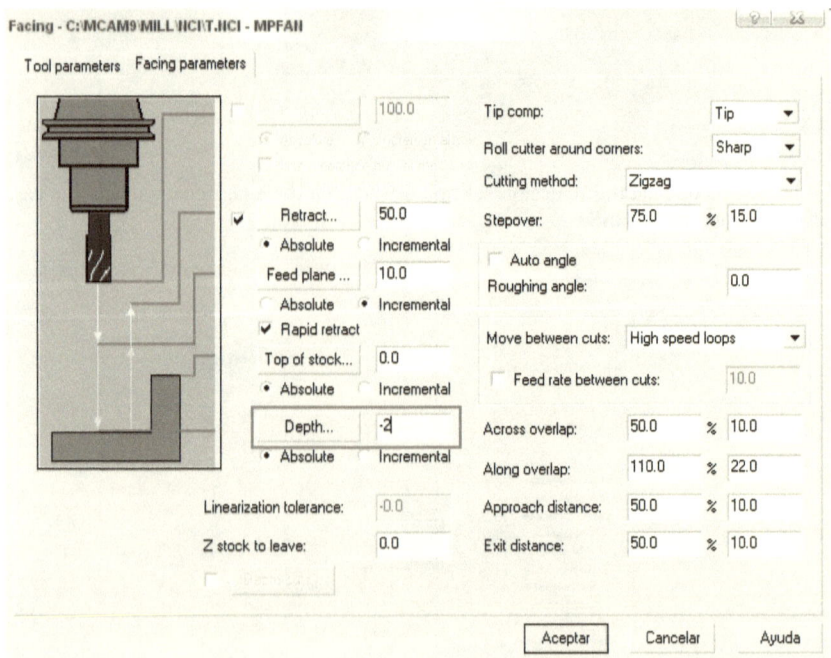

110

Al dar click en aceptar aparecerá el recorrido de la herramienta con respecto a la pieza.

Al seleccionar la opción de **Operations** dentro del menú **Toolpaths** se despliega el operations manager que permite visualizar todas las operaciones creadas hasta el momento.
En cada una de las carpetas de operaciones aparecen los parámetros de la operación, la herramienta de la operación y la línea guía. Para visualizar la simulación de click en Select all para seleccionar todas las operaciones, Regen Path para validar y actualizar la operación y verify para visualizar la simulación.

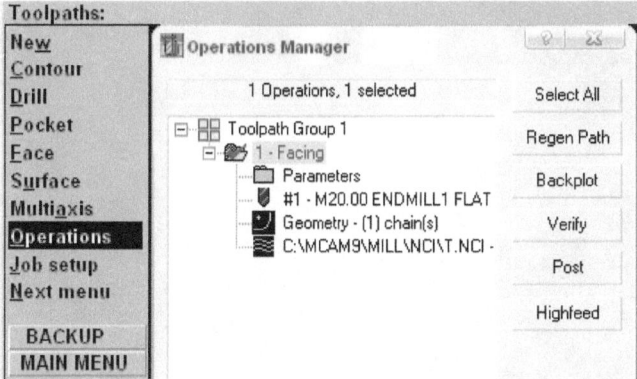

Se desplegara una ventana con la estructura de alambre que representa el bloque de materia prima y al lado de este una barra de comandos del emulador.
De click sobre el botón de Play para visualizar la simulación.

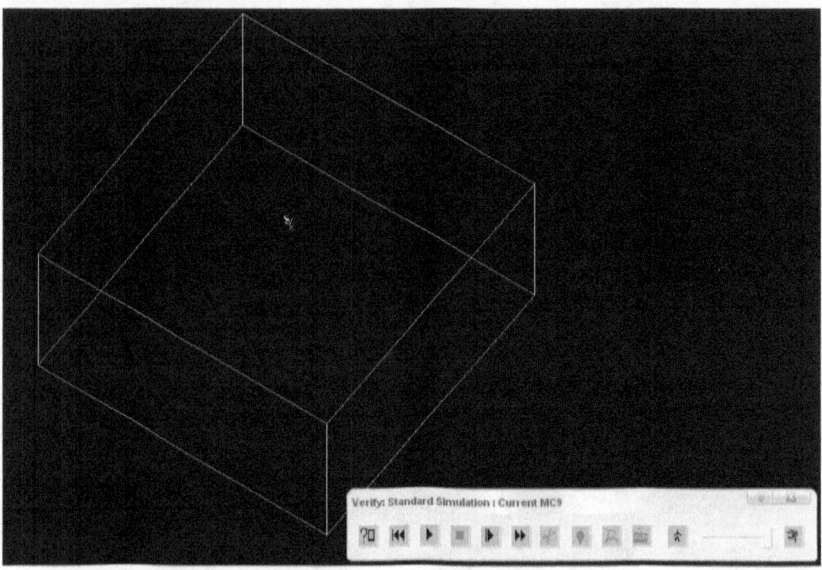

El resultado de la primera operación será el siguiente:

La siguiente operación a realizar será el contorno del vástago central. Para esto será necesario realizar la siguiente secuencia de acciones:

En el menú *toolpaths* seleccionar la operación de contorno. Seleccionar como línea guía de la operación el círculo interior de 30mm. Confirmar la selección con *Done*.

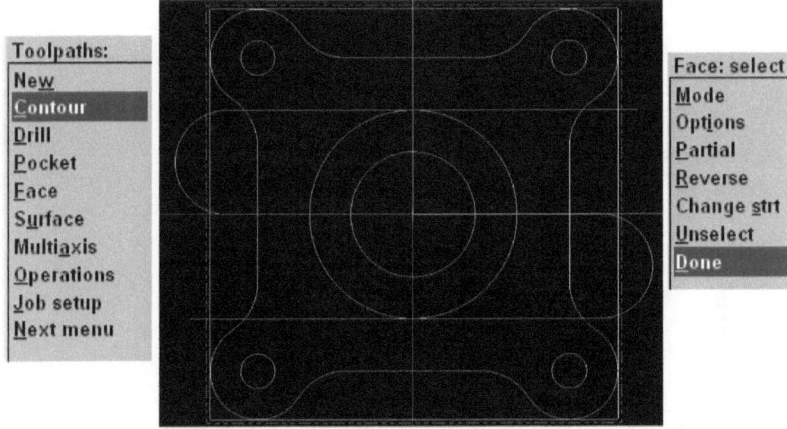

Insertar un nuevo escariador de fondo plano de 15mm de diámetro.

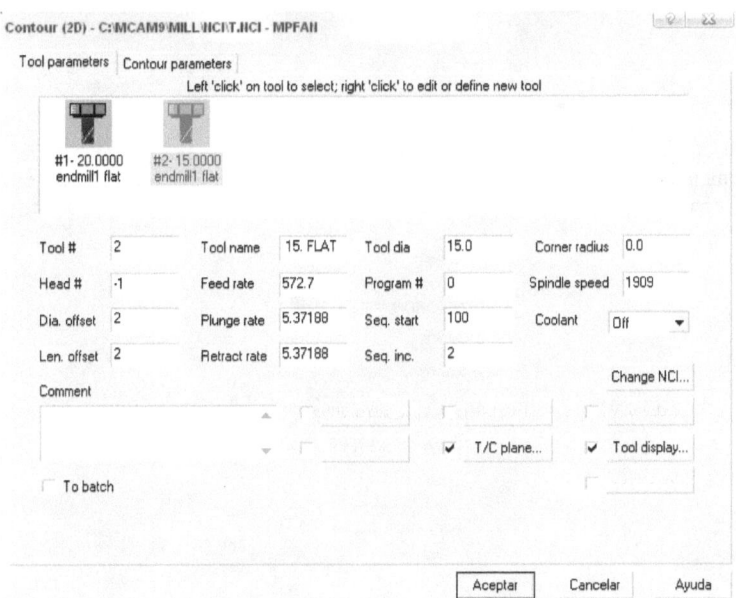

113

En los parámetros de la operación establecer como profundidad de corte un Depth de -22mm y activar la opción de Multi passes y depth cuts.

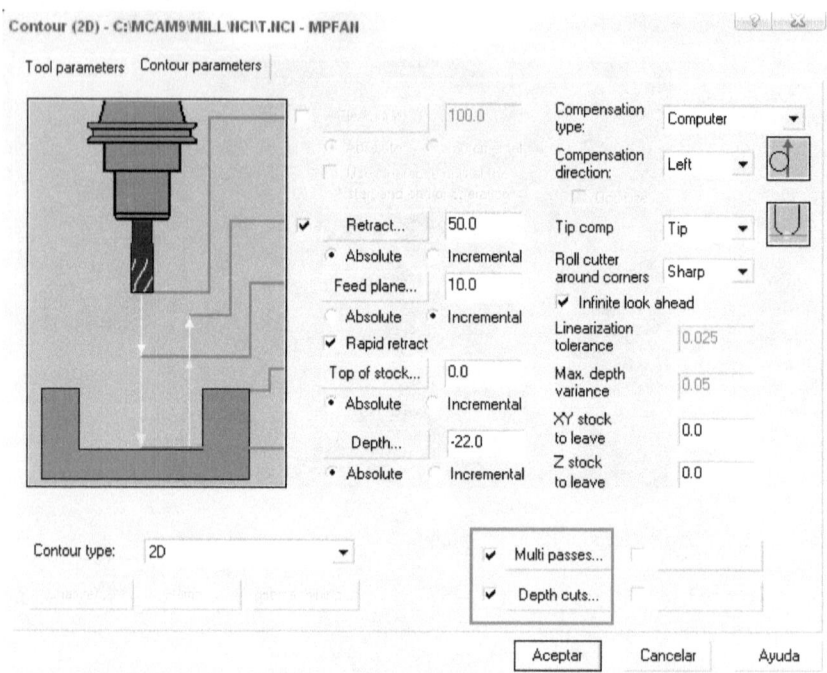

Al seleccionar la opción de **multi passes** se activa un movimiento concéntrico de la herramienta que permite barre mayor superficie en el mismo plano corte. Para este caso se deberán configurar 3 pasadas concéntricas separadas cada una de ellas 10mm.

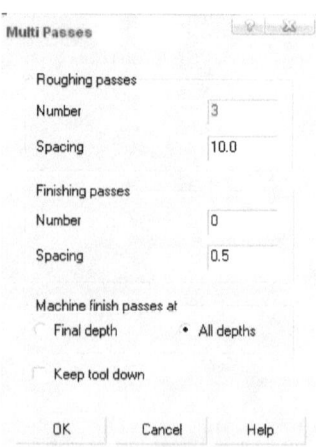

Al seleccionar la opción de **Depth Cuts** se activa un límite en la profundidad corte en cada pasada. Para este caso se deberán configurar un máximo de 3 mm por pasada.

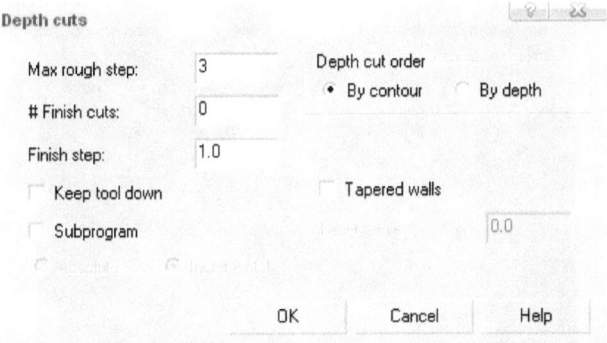

Al seleccionar la opción de **Operations** dentro del menú **Toolpaths** se despliega el operations manager que permite visualizar todas las operaciones creadas hasta el momento.

En el momento aparecerán dos carpetas, la primera con la operación de face y la segunda con la operación de contorno.

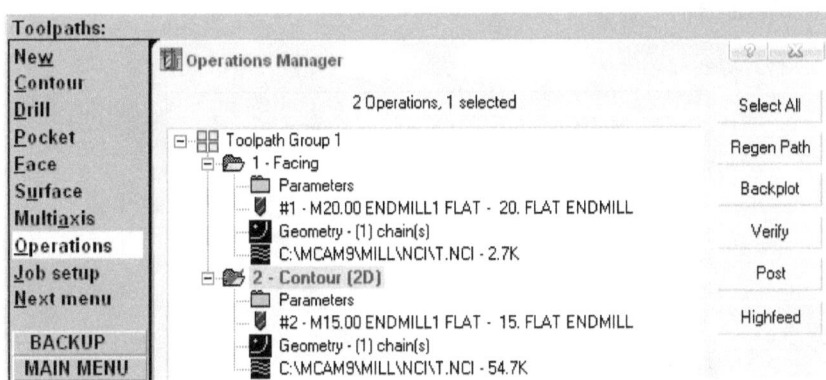

Para visualizar la simulación de click en **Select all** para seleccionar todas las operaciones, **Regen Path** para validar y actualizar la operación y **verify** para visualizar la simulación.
Durante la simulación se podrá identificar el funcionamiento del **Miltu Passes** y el **Depth Cuts**.

El resultado de la simulación mostrará la forma que lleva la pieza hasta este momento con las dos operaciones terminadas.

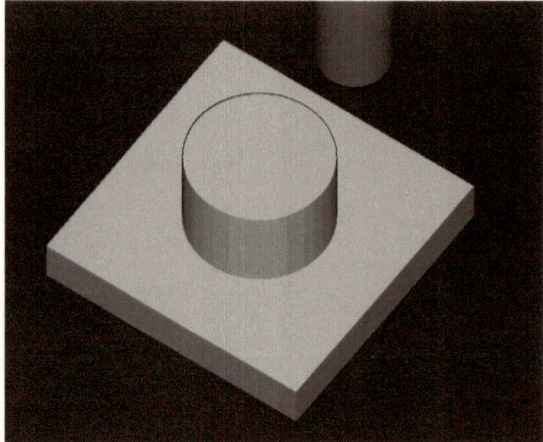

Si la operación de contorno no realiza el maquinado deseado, sino que realiza un agujero en el interior de la figura el problema se puede deber a la compensación de la herramienta para esto lo único que se debe variar es en la ventana de parámetros del contorno la compensación si están en *left* pasar a **Right** o viceversa.

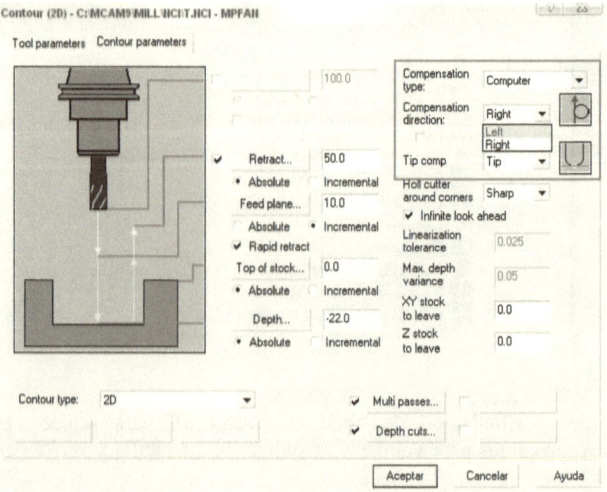

Este cambio hará que la herramienta cambie su lado de tangencia con la línea guía.

116

La siguiente operación a desarrollara es un Pocket el cual generara la cavidad circular que se encuentra en el vástago central.

En el menú *toolpaths* seleccionar la operación de *Pocket*. Seleccionar como línea guía de la operación el círculo interior de 18mm. Confirmar la selección con *Done*.

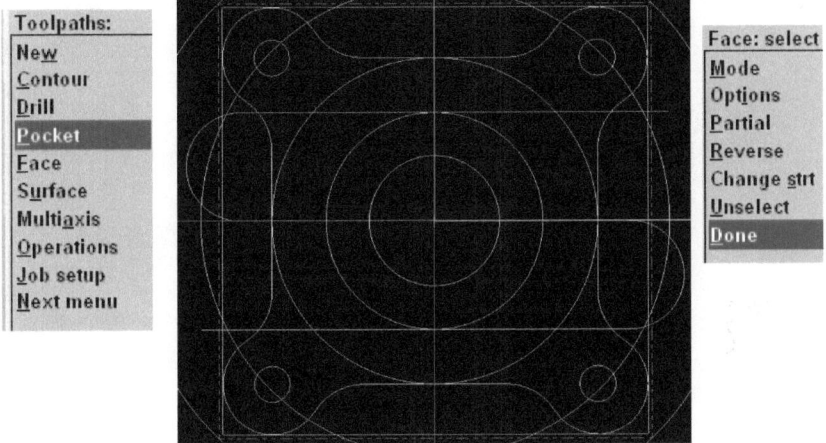

Seleccionar el escariador de fondo plano de 15mm de diámetro como herramienta para la operación.

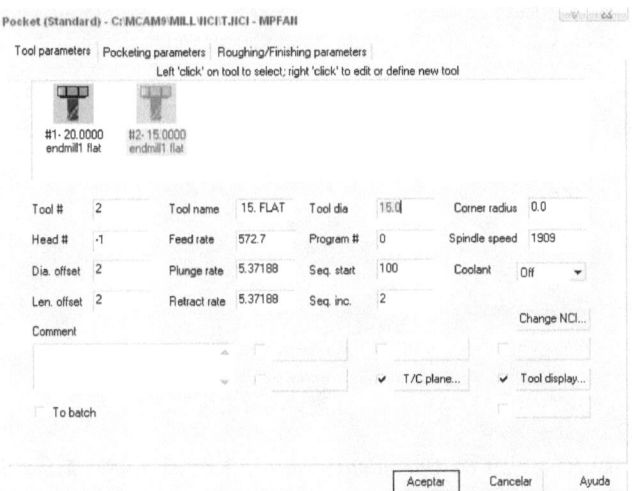

117

En los parámetros de la operación establecer como borde de material -2mm, una profundidad de corte un Depth de -12 mm y activar la opción de *Depth Cuts*.

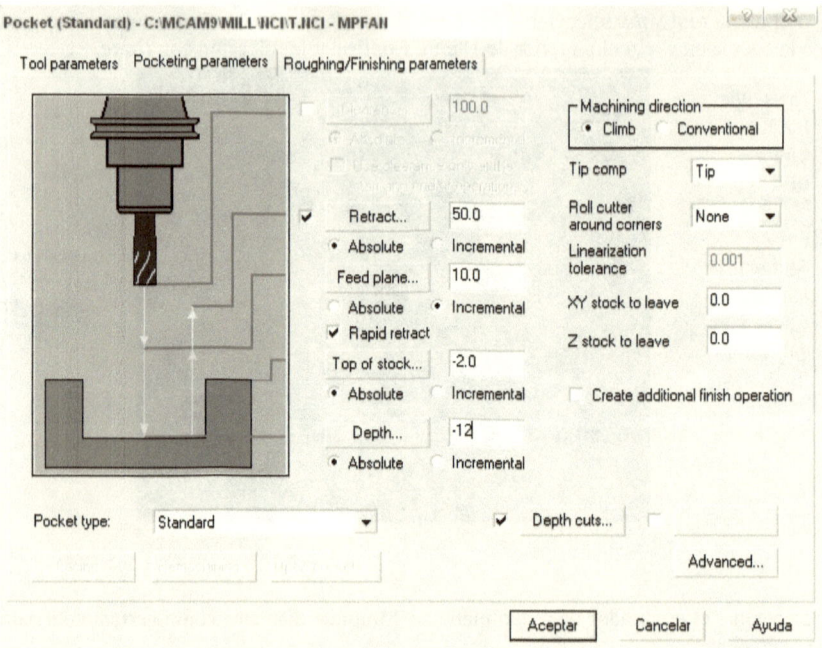

Al seleccionar la opción de *Depth Cuts* se activa un límite en la profundidad corte en cada pasada. Para este caso se deberán configurar un máximo de 3 mm por pasada.

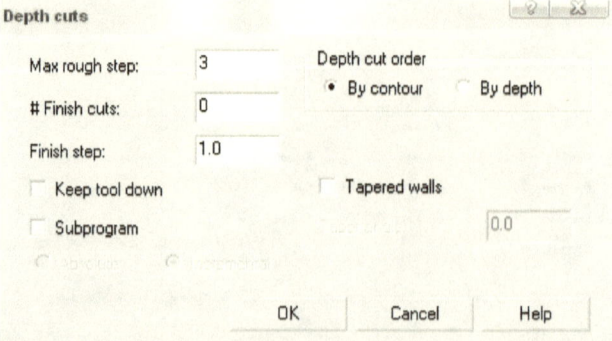

Al seleccionar la opción de *Operations* dentro del menú *Toolpaths* se despliega el operations manager que permite visualizar todas las operaciones creadas hasta el momento.

En el momento aparecerán tres carpetas, la primera con la operación de face, la segunda con la operación de contorno y la ultima con el pocket.

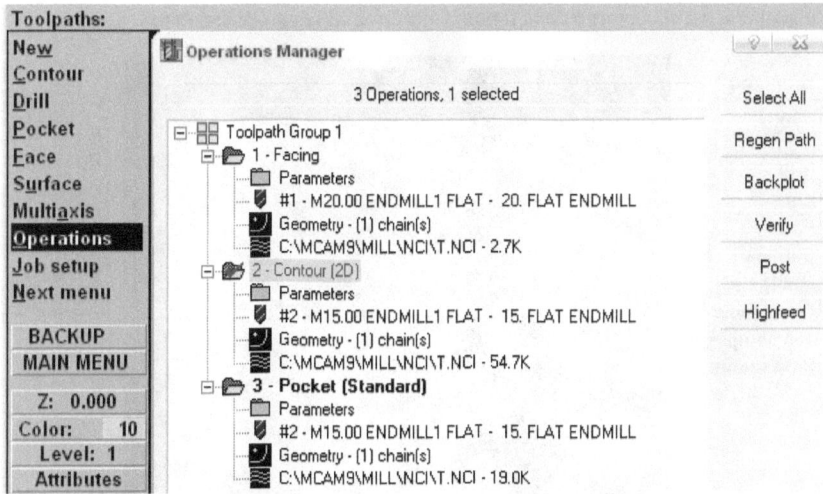

Para visualizar la simulación de click en *Select all* para seleccionar todas las operaciones, *Regen Path* para validar y actualizar la operación y *verify* para visualizar la simulación. El resultado de la simulación mostrará la forma que lleva la pieza hasta este momento con las dos operaciones terminadas.

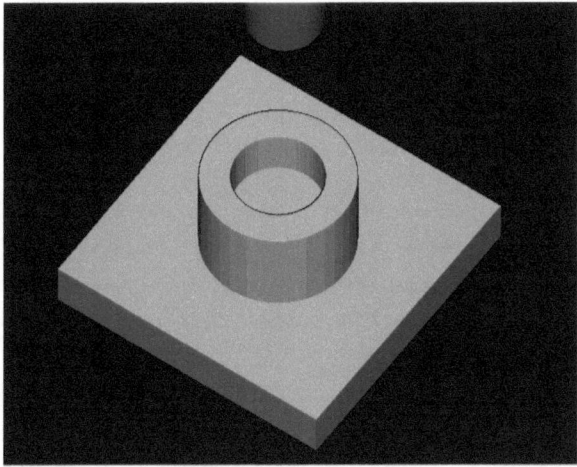

La siguiente operación a realizar será el contorno general de la pieza. Para esto será necesario realizar la siguiente secuencia de acciones:

En el menú *toolpaths* seleccionar la operación de contorno. Seleccionar como línea guía de la operación el contorno de la figura. Confirmar la selección con **Done**.

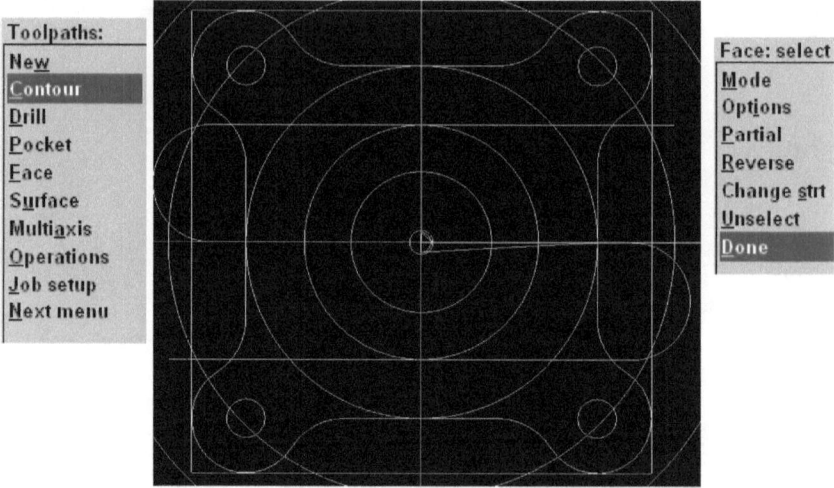

Seleccionar el escariador de fondo plano de 15mm de diámetro como herramienta para la operación.

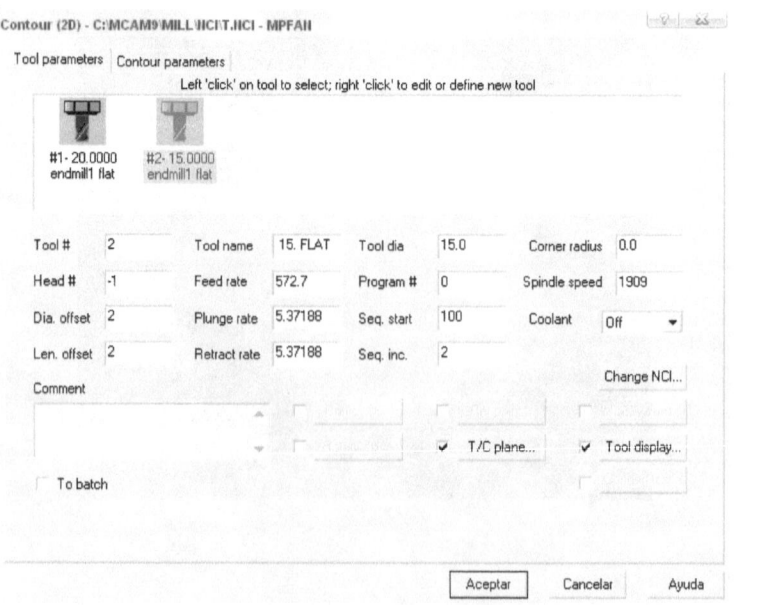

120

En los parámetros de la operación se debe establecer como borde de material -22mm, una profundidad de corte un Depth de -32 mm, desactive la opción de miltipasses y active la opción de *Depth Cuts*.

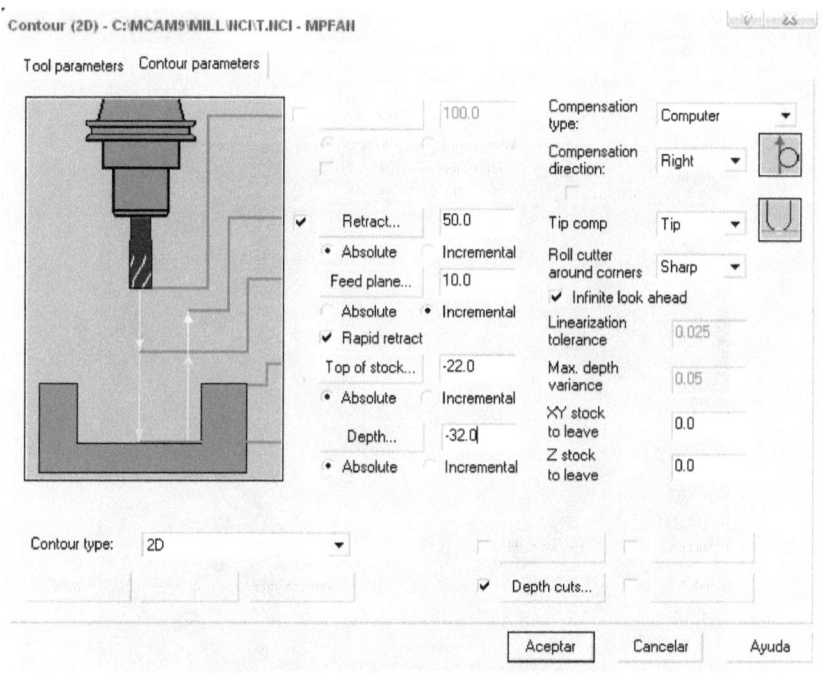

Al seleccionar la opción de **Operations** dentro del menú **Toolpaths** se despliega el operations manager que permite visualizar todas las operaciones creadas hasta el momento.

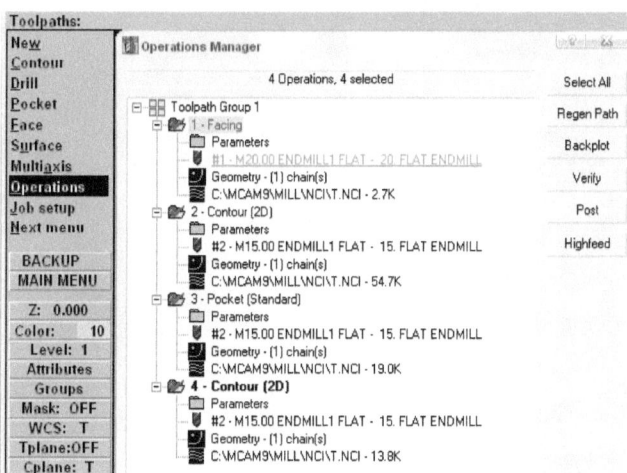

Para visualizar la simulación de click en *Select all* para seleccionar todas las operaciones, *Regen Path* para validar y actualizar la operación y *verify* para visualizar la simulación. El resultado de la simulación mostrará la forma que lleva la pieza hasta este momento con las dos operaciones terminadas.

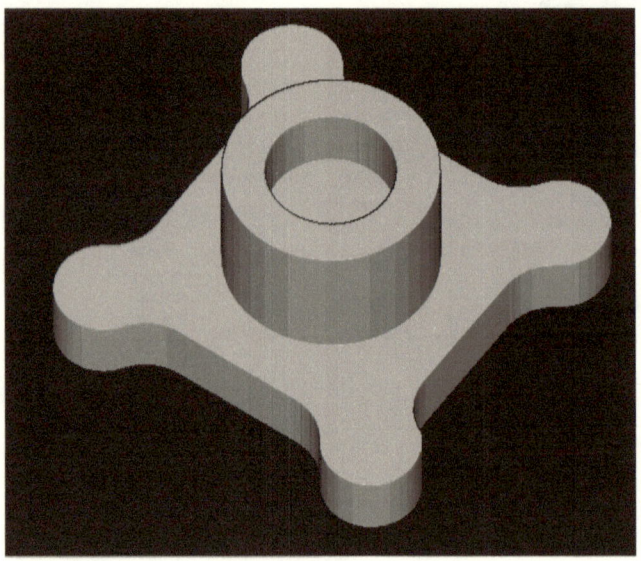

La última operación a realizar será el taladrado de los agujeros laterales. Para esto será necesario realizar la siguiente secuencia de acciones:

En el menú *toolpaths* seleccionar la operación de *Drill.*, *Manual y Center.* Y seleccionar uno de los círculos a taladrar, una vez seleccionado utilice de nuevo la opción de *center* para picar cada uno de los centro de las circunferencias a taladrar.

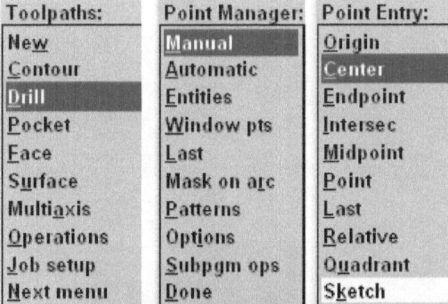

Una vez seleccionados todos los centros de los círculos a taladrar presione la tecla ESC para visualizar el recorrido de la herramienta al taladrar.

La ruta aparecerá en líneas amarillas

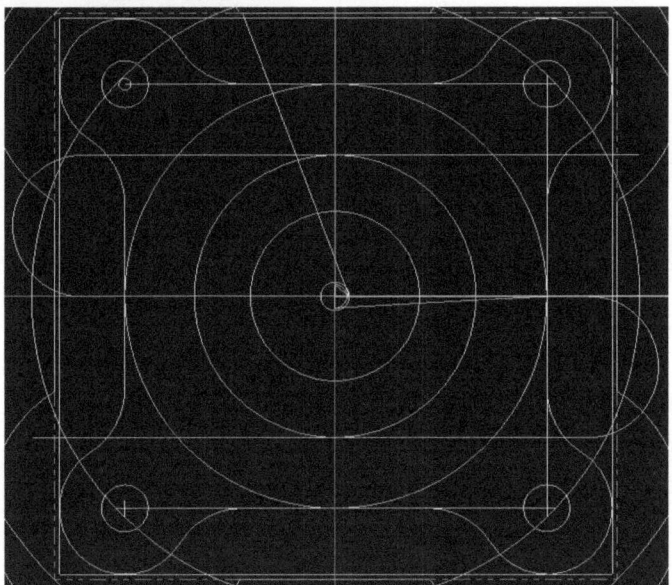

Inserte una nueva broca de 5mm de diámetro para realizar la operación de taladrado.

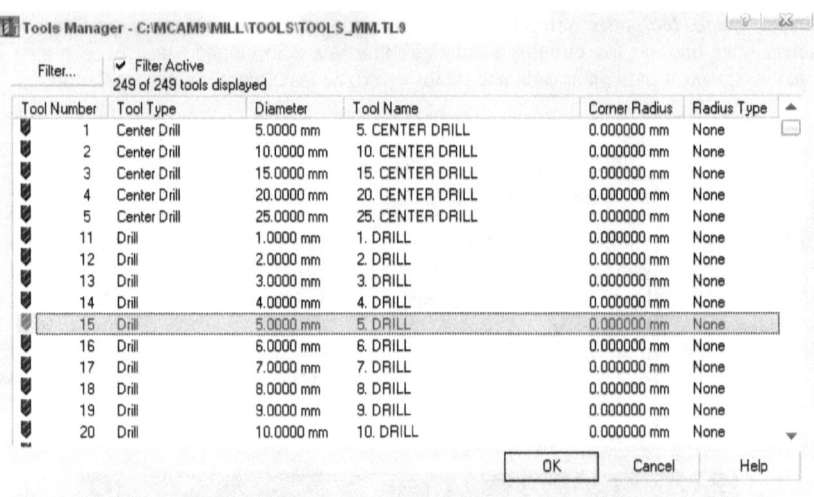

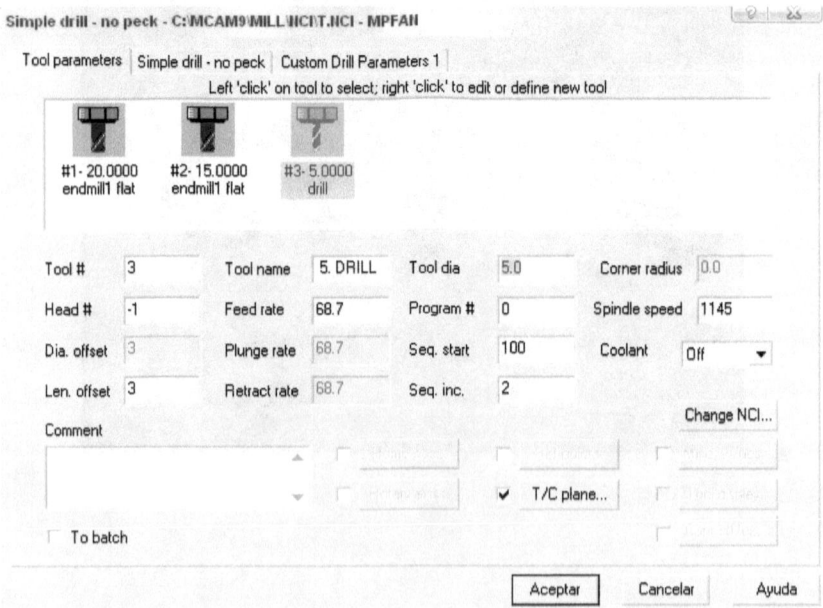

En los parámetros de la operación se debe establecer como borde de material -22mm, una profundidad de corte un Depth de -33 mm.

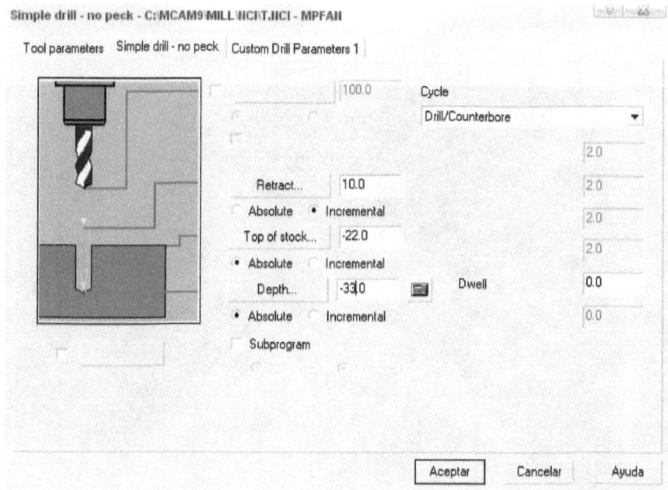

Al seleccionar la opción de **Operations** dentro del menú **Toolpaths** se despliega el operations manager que permite visualizar todas las operaciones creadas hasta el momento.

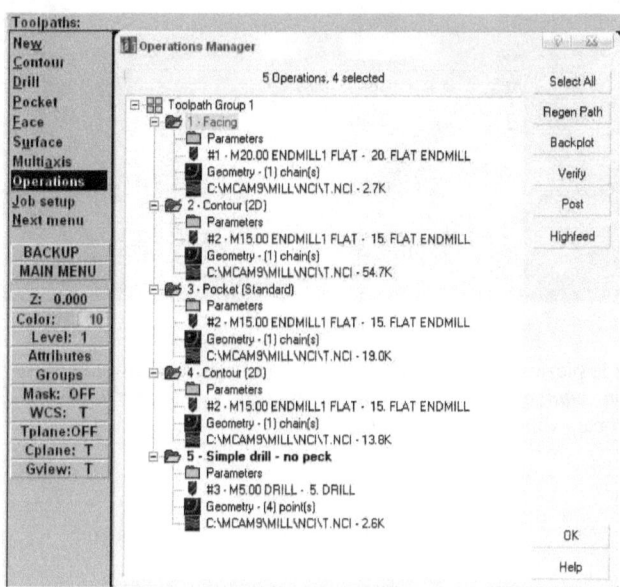

125

Para visualizar la simulación de click en *Select all* para seleccionar todas las operaciones, *Regen Path* para validar y actualizar la operación y *verify* para visualizar la simulación. El resultado de la simulación mostrará la forma que lleva la pieza hasta este momento con las dos operaciones terminadas.

Al terminar la pieza se puede visualizar el código G que el software genera, para esto en el *operation mnager* , seleccione *Select all* para seleccionar todas las operaciones, *Regen Path* para validar las operaciones y *Post.*

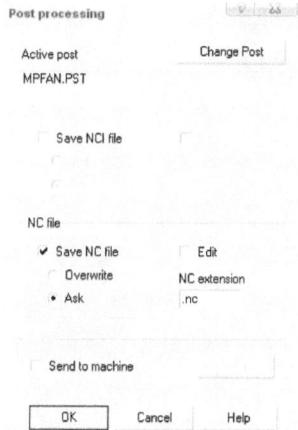

En el menú que se despliega seleccione la opción *Save Nc File.* Guarde este archivo en una dirección conocida.

Al abrir el archivo pondrá visualizar el código que se genera.

```
% 
O0000
(PROGRAM NAME - CODIGO G)
(DATE=DD-MM-YY - 17-11-07 TIME=HH:MM - 16:38)
N100G21
N102G0G17G40G49G80G90
( 20. FLAT ENDMILL TOOL - 1 DIA. OFF. - 1 LEN. - 1 DIA. - 20.)
N104T1M6
N106G0G90X-32.451Y-14.998A0.S1909M3
N108G43H1Z50.
N110Z10.
N112G1Z-2.F7.2
N114X22.451F763.6
N116X27.
N118G3Y0.R7.499
N120G1X-27.
N122G2Y14.998R7.499
N124G1X32.451
N126G0Z50.
N128M5
N130G91G28Z0.
N132G28X0.Y0.A0.
N134M01
( 15. FLAT ENDMILL TOOL - 2 DIA. OFF. - 2 LEN. - 2 DIA. - 15.)
N136T2M6
N138G0G90X42.5Y0.A0.S1909M3
N140G43H2Z50.
N142Z10.
N144G1Z-2.75F5.4
N146G3X-42.5R42.5F572.3
N148X42.5R42.5
N150G0Z50.
N152X32.5
N154Z10.
```

127

Fin del curso

www.ingramcontent.com/pod-product-compliance
Lightning Source LLC
Chambersburg PA
CBHW022005170526
45157CB00003B/1147